本书精彩案例欣赏

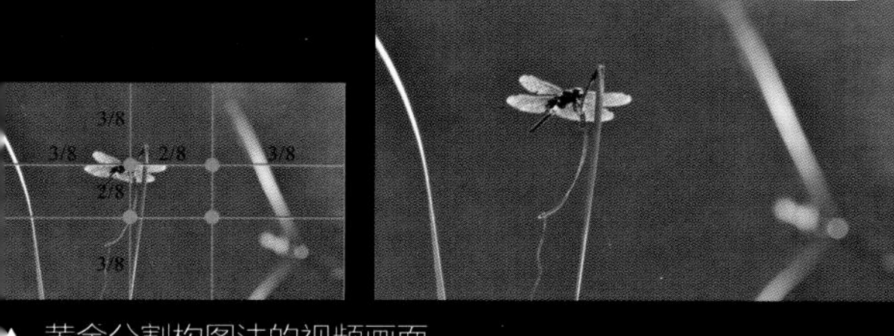

▲ 黄金分割构图法的视频画面

▲ 使用极特写镜头拍摄的视频画面

▲ 黄金螺旋线构图法的视频画面

▲ 使用特写镜头拍摄的视频画面

▲ 左右对称构图的视频画面

▲ 上下对称构图的视频画面

▲ 利用水平线进行视频的拍摄

▲ 下三分线构图的视频画面

▲ 上三分线构图拍摄的视频画面

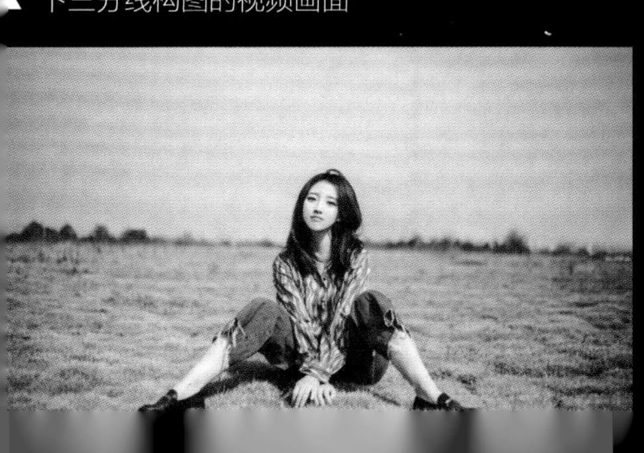

▲ 利用视频拍摄主体本身具有的线条构成斜线

▲ 矩形构图的视频画面

▲ 双边透视构图的视频画面

▲ 九宫格构图法的视频画面

▲ 三角形构图的视频画面

▲ 使用仰角镜头拍摄的视频画面

▲ 使用俯角镜头拍摄的视频画面

▲ 使用平角镜头拍摄的视频画面

▲《风平浪静》的效果展示

▲《季节变换》的效果展示

▲《蓝天白云》的效果展示

▲《油画日落》的效果展示

▲《摇曳碧云斜》的效果展示

▲《一键美颜变身》的效果展示

▲《一张照片变视频》的效果展示

▲《我要上电视》的效果展示

手机短视频

策划、拍摄、剪辑、运营从入门到精通

新镜界 编著

中国水利水电出版社
www.waterpub.com
·北京·

内容提要

当下，短视频已进入野蛮生长期，随着 5G 时代的到来，其发展势头必将更加火热。那么，我们的短视频怎么玩才能火？

本书从手机短视频的策划、拍摄、剪辑、运营、变现等环节进行了全面讲解，并结合了大量的热门案例进行分析。全书共分为 10 章，通过“理论＋实例”的形式，分别介绍了短视频的内容策划、脚本创作、前期拍摄、构图技巧、后期剪辑、特效制作、账号运营、引流吸粉、商业变现等内容，帮助读者能轻松掌握和打通短视频创业的层层关卡！

本书内容系统全面，案例典型实用，插图丰富。剪辑篇还配备 27 集同步教学视频，提供实例的素材文件和效果文件，便于读者跟着视频动手操作，提高实战技能。

本书不仅适合短视频的爱好者、运营者和创业者，也适合新媒体平台及网上店铺转型短视频领域的营销人员，还可作为大中专院校相关专业的教材。

图书在版编目（CIP）数据

手机短视频策划、拍摄、剪辑、运营从入门到精通 / 新镜界编著．—北京：中国水利水电出版社，2022.10（2022.12重印）

ISBN 978-7-5226-0893-8

Ⅰ．①手… Ⅱ．①新… Ⅲ．①移动电话机－摄影技术②视频编辑软件 Ⅳ．①J41 ②TN929.53 ③TN94

中国版本图书馆 CIP 数据核字 (2022) 第 141189 号

书　　名	手机短视频策划、拍摄、剪辑、运营从入门到精通 SHOUJI DUANSHIPIN CEHUA，PAISHE，JIANJI，YUNYING CONG RUMEN DAO JINGTONG
作　　者	新镜界　编著
出版发行	中国水利水电出版社 （北京市海淀区玉渊潭南路 1 号 D 座 100038） 网址：www.waterpub.com.cn E-mail：zhiboshangshu@163.com 电话：（010）62572966-2205/2266/2201（营销中心）
经　　售	北京科水图书销售有限公司 电话：（010）68545874、63202643 全国各地新华书店和相关出版物销售网点
排　　版	北京智博尚书文化传媒有限公司
印　　刷	河北文福旺印刷有限公司
规　　格	170mm×240mm　16 开本　17.25 印张　321 千字　2 插页
版　　次	2022 年 10 月第 1 版　2022 年 12 月第 2 次印刷
印　　数	5001—10000 册
定　　价	89.80 元

前　　言

随着短视频行业的飞速发展，各种短视频平台相继进入大众的视野。在 5G 时代的大背景下，用户能够在短时间内观看到大量的短视频内容。

如今，短视频不仅成为了主流的信息传播方式，同时也成为了人们生活中一种常用的娱乐消遣模式，甚至成为了很多人生活的一部分。大量用户还以短视频拍摄和运营为职业，从中赢得更多的发展机会。一个成功的爆款短视频，能够让拍摄者、运营者以及演员在短时间内吸引大量用户的注意。

对于互联网时代来说，流量在哪里，哪里就有商机。因此，很多企业也在不断地学习使用短视频这种有效的引流和营销手段。但是，到底应该如何做呢？相信很多人现在会产生一系列的疑问。

- 费尽心力拍摄的短视频，为什么最后却石沉大海？
- 如何拍摄短视频，才能吸引更多用户的关注和点赞？
- 如何处理短视频，才能让作品更优质、更好看？
- 有了好的短视频内容，如何运营短视频账号？
- 如何将短视频变现？

基于这些问题，本书从短视频策划、拍摄、剪辑、运营和变现这五大方面，介绍手机短视频的变现之路，帮助运营者学习和掌握短视频从策划到变现的全流程。

本书介绍的短视频五大核心内容包括前期的内容策划、中期的拍摄和剪辑，以及后期的运营和变现。掌握了这些短视频制作的奥秘后，读者可以快速成功地打造一个短视频账号。

本书从抖音和快手等短视频平台上的众多热门作品中，提炼出实用且有价值的技巧干货，以理论结合案例的形式讲解，内容由浅入深，语言通俗易懂，帮助读者轻松创作出有价值有意义的短视频作品。

运营者在运作短视频账号的过程中，如果进行了必要的学习，就能够快速入门，甚至是精通运营。只是许多人有学习短视频策划和运营的心，却难以找到合适的参考资料。因为现在市面上短视频类的图书虽多，但其中很多都只停留在理论的层面，即便学习了也不知道该如何进行操作。针对这种现状，笔者结合个人多年的短视频运营经验推出了本书。与市面上大部分短视频类图书不同的是，本书立足于实践，书中的内容都结合具体案例进行了解读，读者一看就能懂，一学就会。通过本书的

学习，读者可以在较短的时间内，快速掌握大量的短视频平台的干货知识，让变现获得更好的效果。

本书特色

1．本书内容全面，短期内快速上手

本书从短视频策划、拍摄、剪辑、运营和变现五大方面，介绍手机短视频的运营与变现之路，帮助运营者学习和掌握短视频从策划到变现的全流程。

2．“理论＋实例”的形式讲解，学习轻松愉快

本书理论讲解结合具体的案例解读，实例丰富，插图丰富，让学习轻松愉快；本书实例讲解的技巧干货，也便于模仿学习与实战演练。

3．配套视频讲解，手把手教你学

本书录制了与实例同步的 27 集剪映视频制作教程，读者可以使用手机微信扫描书中的二维码学习，也可以下载到电脑中观看。看视频讲解，如同老师在身边手把手教学，帮助读者轻松、高效地学习。

4．提供实例素材，配套资源完善

为了方便读者对实例的学习，本书特别提供了与实例相配套的素材文件和效果文件，读者可以对照视频讲解操作练习，对比学习，检验学习效果。

资源下载

设计指北公众号

1. 读者使用手机微信扫一扫左侧的二维码，关注公众号，输入 DSP0894 至公众号后台，获取本书的资源的下载链接。将该链接复制到计算机浏览器的地址栏中（一定要复制到计算机浏览器的地址栏中），根据提示进行下载。

2. 读者可加入本书的 QQ 读者交流群 727380455，与更多同路人学习交流，或查看本书的相关资讯。

特别提示：在编写本书时，作者是基于当时各短视频软件所截的实际操作图片，但是本书从编辑到出版需要一段时间，在这段时间里，软件界面与功能会有调整与变化，比如有的内容删除了，有的内容增加了，这是软件开发商所做的软件更新，请在阅读时，根据书中的思路，举一反三，进行学习。

本书由新镜界编著，参与编写的人员还有李金莲，在此表示感谢。由于作者知识水平有限，书中难免有错误和疏漏之处，恳请广大读者批评、指正，联系微信：263322815。

编　者

目　录

策　划　篇

拍 摄 篇

剪 辑 篇

运　营　篇

变　现　篇

策 划 篇

第 1 章

内容：决定短视频的成败

内容是短视频的核心，在很大程度上决定了短视频受欢迎的程度。用户之所以会看一个短视频，就是因为这个短视频的内容吸引到了他。本章将从 6 个方面对短视频的内容策划进行讲解。

1.1　心理：提高视频浏览量

运营者如果想让自己的短视频吸引用户的目光，就需要知道用户想要的是什么，只有抓住了用户的心理，才能策划出他们喜欢的内容，从而提高短视频的播放量。本节将从用户的 7 种心理进行介绍，帮助运营者通过满足用户的特定需求来策划短视频内容，提高短视频的吸引力。

1.1.1　悬念：满足用户的猎奇心

一般情况下，大部分人对那些未知的、刺激的东西会有一种想要去探索、了解的欲望。所以，运营者在策划短视频内容时，就可以抓住用户的这一心理，让短视频内容充满神秘感，满足用户的猎奇心，从而获得更多用户的关注。关注的人越多，短视频被转发的次数就会越多。

有的短视频内容常常会设下悬念，用以引起用户的注意和兴趣；有的短视频内容中出现的事物是用户在日常生活中从未见到过或从未听说过的东西，只有这样，才会让用户在看到短视频内容之后，产生好奇心，从而满足用户的猎奇心理。这类短视频内容，通常都带有一种神秘感，让人觉得看了短视频之后就可以了解事情的真相。图 1-1 所示为一些充满悬念的短视频内容。

图 1-1　充满悬念的短视频内容

其实像这种具有猎奇性的短视频并不一定本身就很稀奇，而是运营者基于用户喜欢或好奇心比较重的心理来策划短视频内容，尽最大可能地吸引用户，提高短视频的播放量。

1.1.2 知识：满足用户的学习心理

有一部分用户想要通过观看短视频学习一些有价值的内容，以扩充自己的知识面，增加自己的技能等。因此，运营者在制作短视频内容时，就可以将这一因素考虑进去，让自己的短视频内容能够满足用户学习的心理。

通常情况下，在标题文案里面就会体现出这个短视频内容的学习价值。当用户看到这样的标题文案时，就会抱着一种“在这个短视频中我可以学到一些知识或技巧”的心态来点击查看短视频内容。图 1-2 所示为满足用户学习心理的短视频。

图 1-2　满足用户学习心理的短视频

1.1.3 共鸣：满足用户的感动心理

大部分人都是感性的，容易被情感左右。这种感性不仅体现在真实的生活中，还体现在他们看短视频时也会倾注自己的情感。这也是很多用户在看见有趣的短视频时会捧腹大笑，看见感人的短视频时会心生怜悯，甚至不由自主地落下泪水的

原因。

一个成功的短视频，一定能够满足用户的感动心理需求，打动用户，与用户产生共鸣。

运营者如果想通过短视频来激发用户的感动心理，就要精心选择容易感动用户的话题或内容。所谓能够感动，就是对用户的心灵情感进行疏导或排解，从而达到让用户产生共鸣的效果。

用户对于一个视频很感动，往往是因为在这个视频中看到了世界上美好的一面，或者是看到了自己的影子。图 1-3 所示为满足用户感动心理的短视频。

图 1-3　满足用户感动心理的短视频

俗话说“人有七情六欲”，而这“七情”是最容易被调动的。只要短视频的内容是从人的内心情感或内心情绪角度出发的，那么策划出的短视频内容就很容易调动用户的情绪，从而激发用户查看短视频的兴趣。

1.1.4　趣味：满足用户的消遣心理

大部分人一有时间都会刷刷短视频、逛逛淘宝、浏览一会儿微信朋友圈等，从而达到消遣目的。

有的人之所以会点开各种各样的短视频，大多是出于无聊、想要消磨闲暇时光

以及给自己找点娱乐的目的。面对这一类用户，那些以传播搞笑、幽默内容为目的的短视频就会比较容易满足他们的消遣心理需求。

例如，主角明明是一个小孩，但是这个小孩却像一个对针线活十分娴熟的老太太一样在认真地纳鞋垫。这一举动与孩子的年龄有很大的违和感，但孩子却做得有模有样，许多用户看后不禁会心一笑。这个短视频就很好地满足了用户的消遣心理。

人们在繁杂的工作或者是琐碎的生活中，需要找到一些能够放松自己的心情、调节自己的情绪的东西，这时候就需要找一些所谓的“消遣”了。而那些能够使人们从生活工作中暂时跳脱出来的、娱乐搞笑类型的短视频能够让人们放松下来，使人们的心情变得愉悦。

运营者在策划短视频内容时，要让用户看到内容的趣味性和幽默性，变得轻松、愉悦。所以，一般这类的短视频内容都带有一定的搞笑成分或者是轻松娱乐的。

1.1.5　追忆：满足用户的怀旧心理

随着 80 后、90 后逐渐迈过而立之年，他们也开始产生了怀旧情结，对于以往的岁月都是值得追忆的。例如，童年的一个玩具娃娃、吃过的食品，有些人看见了都会忍不住发出“仿佛看到了自己的过去！”的感慨。

人们之所以普遍喜欢怀旧，是因为小时候无忧无虑、天真快乐，而长大之后就会面临各种各样的问题，以及许许多多复杂的人和事。每当遇到一些糟心的事情时，就会想起小时候的简单纯粹。

人们喜欢怀旧的另一个原因就是时光。正是因为“时光一去不复返”，人们对于已经逝去的时光就会显得格外地想念，所以也就开始怀旧了。

几乎所有人怀旧的对象都是自己小的时候，小时候的亲人、朋友让人想念，小时候的各种吃喝玩乐让人想念，这也就促成了“怀旧风”的袭来。而很多运营者也看到了这一趋势，制作了许多怀旧类型的短视频。不管是对运营者，还是对广大的用户来说，这些短视频都是一个很好的追寻过去的媒介。

能够满足用户怀旧心理需求的短视频内容，通常都会展示一些有关于童年的回忆，如小时候的迷惑行为、玩过的小游戏等。

图 1-4 所示为能满足用户怀旧心理的短视频示例，在这些案例中都使用了过去的事或物来激发用户内心“过去的回忆”。越是在怀旧的时候，人们越是想要看看过去的事物，运营者正是抓住了用户的这一心理，进而吸引用户观看短视频内容。

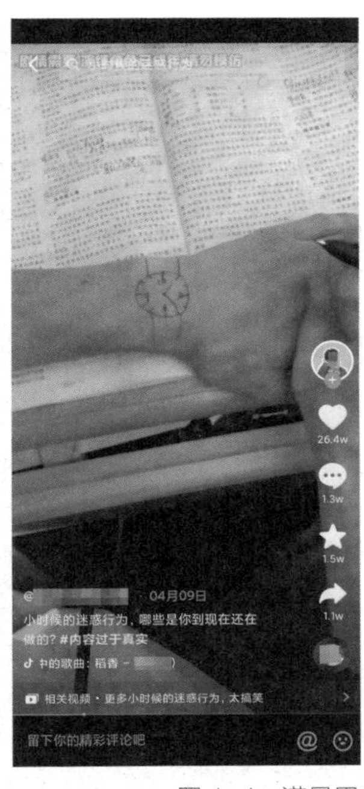

图 1-4　满足用户怀旧心理的短视频示例

1.1.6　利益：满足用户的私心心理

人们总是会对和自己有关的事情多上点心，对关系到自己利益的消息多点注意，这是一种很正常的行为。满足用户的私心心理需求，其实就是指满足用户关注与自己利益相关事情的行为。

运营者在策划短视频内容时，就可以抓住人们的这一需求，通过打造与用户自身利益相关的内容，来吸引他们的关注。但需要注意的是，如果想要通过这种方式吸引用户，那么短视频中的内容就要是真正与用户的实际利益有关的，不能一点实用价值都没有。如果每次借用用户的私心心理来引起用户的兴趣，可实际却没有满足用户的需求，那么时间长了，用户就会对这类短视频“免疫”。久而久之，用户不仅不会再看类似的短视频，甚至还会对这类短视频产生反感心理，拉黑甚至投诉此类内容。

图 1-5 所示为满足用户的私心心理的短视频示例，它们能够引起用户的兴趣，从而提高用户的点击查看意愿。从图中案例可以看出，凡是涉及用户自身利益的事情，用户就会加倍在意，从而对相关的短视频感兴趣。

这也是这一类短视频在吸引用户关注上屡试不爽的原因。同时，运营者在策划短视频内容时，要成功抓住用户的私心心理，就要在文案上将他们的目光吸引过来。

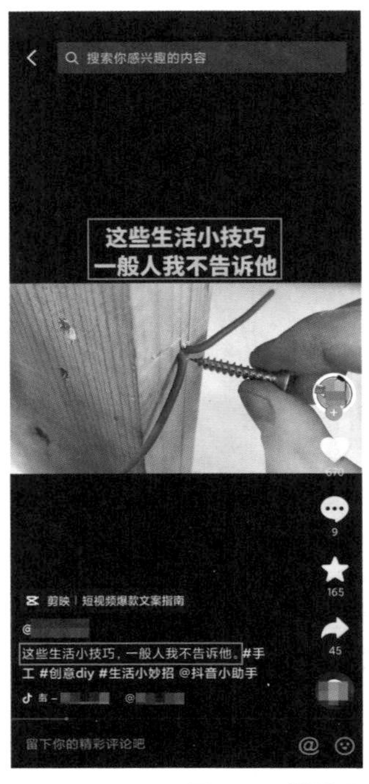

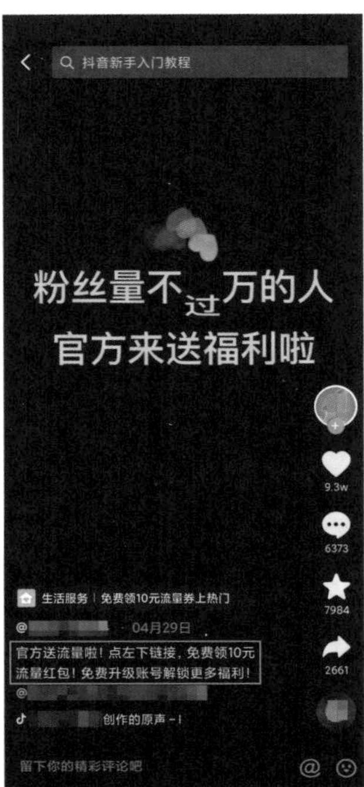

图 1-5　满足用户私心心理的短视频示例

1.1.7　情绪：满足用户的求抚慰心理

在车水马龙的社会，大部分人都在为自己的生活而努力奋斗着。他们漂泊在异乡，与身边人的感情也会产生一种距离感，在生活或工作中遇见的糟心事无处诉说。渐渐地，很多人养成了从短视频中寻求关注与安慰的习惯。

短视频是一个能包含很多内容却又“平价”的东西，观看它时无须花费太多金钱，也无须花费过多脑力。因为短视频里面所包含的情绪大多能反映普通群众的真实情况，所以用户在遇到有心灵情感上的问题时，也更愿意去刷短视频来舒缓压力或情绪。

许多用户想要在短视频中寻求一定的心灵抚慰，从而更好地投入生活、学习或者工作中去。现在很多点击量高的情感类短视频就是抓住了用户的这一心理，通过能够感动用户的内容来提高短视频的热度。

当他们看见那些传递温暖、含有关怀意蕴的短视频时，自身也会产生一种被温暖、被照顾、被关心的感觉。因此，运营者在策划短视频内容时，便可多用一些能够温暖人心，给人关注与关怀的内容，来满足用户的求抚慰心理。这类能够满足用户求抚慰心理的短视频，应是真正发自肺腑的情感传递，并且短视频内容也充满关怀，这样才能让用户感同身受，喜欢看你的视频。

1.2　方法：找到好的内容

要想策划出爆款短视频，还得找好内容的生产方法。本节重点介绍 5 种短视频内容的生产方法，从而可以快速生产出热门内容。

1.2.1　原创：根据定位制作视频

有短视频制作能力的运营者，可以根据自身的账号定位，策划原创短视频内容。很多人开始做原创短视频时，不知道该策划什么内容，其实内容的选择没那么难，可以从以下几方面入手。

（1）记录生活中的趣事。

（2）学习热门的内容。

（3）配表情系列，利用丰富的表情和肢体语言进行表达。

（4）旅行记录，将看到的美景通过视频展现出来。

（5）根据自己所长，持续产出某方面的垂直型内容。

1.2.2　借用：加入创意适当改编

运营者也可以借用他人的素材，并在此基础上进行新内容的策划。如果直接将视频搬运过来并进行发布，那么短视频不仅没有原创性，还存在侵权的风险。因此，运营者在策划短视频时，可以适当参考他人的热门素材，但一定要添加自身的原创内容，避免侵权。

图 1-6 所示的短视频就是在《猫和老鼠》片段的基础上重新配音，并配备了对应的字幕。因为视频本身就具有一定的趣味性，再加上后期的搞笑方言配音，所以用户看到之后觉得非常有趣，便纷纷点赞、评论和分享。于是，这一条借用素材打造的短视频，也很快受到了用户的关注。

需要特别注意的是，尽量不要参考他人在其他平台上发布的视频，更不要将那些视频搬运过来直接发布。在很多平台上，已经发布的作品会自动打上水印。如果运营者直接参考，那么参考的视频上将会显示水印。这样一来，用户一看就知道这个视频是直接参考的其他平台的内容。而且对于这种直接参考他人视频的行为，很多平台都会进行限流。因此，这种直接参考他人的视频基本上是不可能成为爆款短视频的。

图 1-6　借用素材打造的短视频示例

1.2.3　模仿：紧跟平台实时热点

模仿法就是根据已发布的视频依葫芦画瓢地打造自己的短视频，这种方法常用于已经形成热点的内容。因为热点一旦形成，那么模仿与热点相关的内容，就会更容易获得用户的关注、点赞和分享。

比如，2022 年抖音推出的全民健身计划很快就在抖音上火了起来，其背景音乐也随着该计划火爆全网，让无数的男孩、女孩们跟着视频和音乐节奏争相跳起健身操来。图 1-7 所示为模仿该热点拍摄的短视频。

图 1-7　运用模仿热点拍摄的短视频示例

1.2.4　扩展：打造新意制造热度

扩展法就是在他人发布的视频内容的基础上适当地进行延伸，从而产出新的原创内容，这个方法的重点在于运营者要对原视频进行发散思维。与模仿法相同的是，扩展法参照的对象也是以热点内容为佳。

比如，一句“去做风吧，不被定义的风”的治愈系文案在抖音平台突然火了起来，许多人对这一句文案记忆深刻。于是，许多运营者在短视频中开始结合这条文案，根据自身情况，充分发挥想象力，从而打造了关于“不被定义文学”的短视频，如图 1-8 所示。这种短视频透露着幽默搞笑的成分，往往能快速吸引一些用户的围观。

图 1-8　运用扩展法拍摄的短视频示例

1.3　技巧：掌握好内容的展示

虽然每天都有成千上万的运营者将自己精心制作的短视频上传到各大平台，但能上热门的短视频却寥寥无几，那么到底什么样的短视频内容才会被推荐呢？本节将介绍短视频上热门的常见技巧。

1.3.1 美好：记录生活分享快乐

生活中处处充满美好，缺少的只是发现这些美好事物的眼睛。用心记录生活，生活也会回馈给你惊喜。下面看看短视频平台上的达人是如何拍摄平凡的生活片段，并赢得大量用户关注的。

有时候，我们在不经意之间可能会发现一些平时看不到的东西，或者是创造出一些新事物。此时，这些新奇的事物有可能是美好的。例如，某位运营者将蜡烛作为主要材料制作了一枝“蜡”梅，并用该“蜡”梅装点了屋子，这便属于自己创造了生活中的美好，如图 1-9 所示。

生活中的美好涵盖的面非常广，一些简单的快乐也属于此类。例如，一个生活在城市的孩子，在体验农村生活的过程中，只要接触到新奇好玩的新事物，脸上就露出了开心的笑容，这便属于一种简单的快乐。

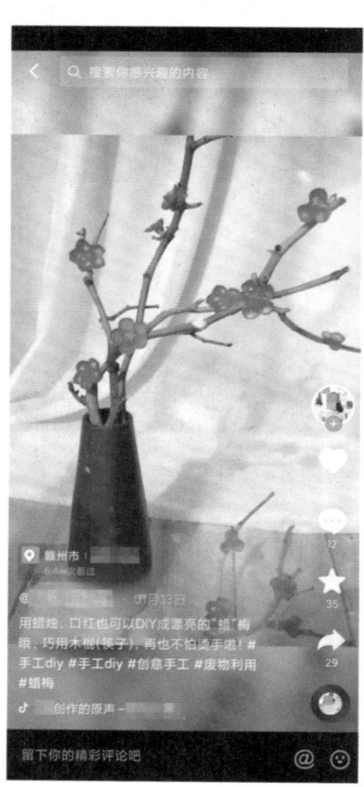

图 1-9　创造生活中的美好的短视频示例

1.3.2 传递：健康乐观积极向上

运营者在短视频中要体现出积极乐观的一面，向用户传递正能量。什么是正能量呢？百度百科给出的解释是：“正能量指的是一种健康乐观、积极向上的动力和情感，是社会生活中积极向上的行为。”下面将从 3 个方面结合具体案例讲解什么样的

内容才是正能量的内容。

1. 努力拼搏

当用户看到短视频中那些努力拼搏的身影时，会感受到满满的正能量，这会让用户在深受感染之余，从内心产生一种认同感。而用户表达认同的一种方式就是点赞，因此那些传达努力拼搏精神的短视频，通常比较容易获得较高的点赞量。

图 1-10 所示为一条展示奋勇向前、努力拼搏内容的短视频，许多对自己的学习或工作感到迷茫的用户看到该短视频之后，找到了奋勇向前的力量和努力拼搏的动力，纷纷为该短视频点赞。

图 1-10　展示努力拼搏内容的短视频示例

2. 好人好事

好人好事包含的范围很广，它既可以是见义勇为，为他人伸张正义；也可以是拾金不昧，主动将财物交还给失主；还可以是看望孤寡老人，慰问环卫工人等，如图 1-11 所示。

用户在看到这类视频时，会从那些做好事的人的身上看到善意，感受到社会的温暖。同时，这类视频很容易触及用户柔软的内心，让人们看到后忍不住想要点赞。

图 1-11　做好人好事的短视频示例

3. 文化内容

文化内容包含了琴、棋、诗、词、歌、赋、书法等。这类内容在短视频平台中具有较强的号召力。如果运营者有这方面的特长，可以通过短视频展示出来，让用户感受文化的魅力，这也是文化传承的一种方式。图 1-12 所示的短视频，便是通过展示书法让用户感受文化魅力的。

1.3.3　设计：剧情反转增加看点

短视频中出人意料的反转，往往能让人眼前一亮。运营者在制作视频内容时要打破惯性思维，让用户在看开头时猜不透剧情的动向。这样，当用户看到结局时，便会豁然开朗，忍不住为其点赞。

例如，在某条短视频中，流落街头的兄妹俩将树叶当作钱去购买食物，可店主非但没有把他们赶出去，还给了他们食物，俩人拿着食物开心地离开了。这些全被店里的其他客人看到了，就正义地说道："这人怎么能这样，不付钱就走了。"看到兄妹俩的上述表现之后，许多人都会和那位正义的客人一样替店主感到不值，毕竟哪有人买东西不付钱的！

然而谁也没有想到的是，视频中的兄妹俩是以流浪猫的角度来展开故事的，当

他们看着人类买东西都是要拿和树叶一样的东西进行交换时，于是流浪猫也学着人类去店里购买食物，店主之所以不赶他们走，是因为他们是店里的常客，而且每次都会拿树叶来进行交换。也就是这一情景，剧情马上就出现了反转。

这条短视频的反转剧情之所以能获得较高的点赞量，主要是因为我们平常购买东西都是需要付钱的，用树叶交换食物显然违背了常理。但是，对于猫咪来说，这就是在公平交易，同样对于观看短视频的用户来说，猫咪即使流浪街头，却仍然学着人类要公平交易。因此，这个短视频的反转也发生在许多人的意料之外。

图 1-12　展示文化内容的短视频示例

1.3.4　创意：奇思妙想脑洞大开

具有奇思妙想的内容从来不缺少用户的点赞和喜爱，因为这类短视频中的创意，会让用户感觉很奇妙，甚至是觉得非常神奇。

运营者可以结合自身优势，打造出创意短视频。例如，一名擅长雕花的运营者拍摄了一条展示西瓜雕刻作品的短视频，用户在看到该短视频之后，因其独特的创意和高超的技艺而纷纷点赞，如图 1-13 所示。

图 1-13　奇思妙想的短视频示例

除了展示各种技艺外，运营者还可以通过奇思妙想，打造一些生活技巧和妙招。

1.3.5　话题：设计内容引发讨论

很多运营者发布的内容都是原创，在制作内容方面也花了不少心思，但是却得不到平台的推荐，点赞量和评论都很少，这是为什么呢?

其实，一条短视频想要在平台上火起来，除了天时、地利和人和以外，还有两个重要的“秘籍”，一是要有足够吸引人的全新创意，二是内容的丰富性。运营者要想做到这两点，还得紧抓热点话题，丰富自己短视频账号的内容形式，发展更多的创意玩法。

具体来说，紧跟热门话题有两种方法，一种方法是根据当前发生的大事或大众热议的话题，打造内容。例如，2022 年 5 月中旬，我国北方的部分地区下起了雪。因为在 5 月份下雪十分少见，所以很快就引发了人们的热议。于是，部分运营者便围绕该话题策划了短视频内容，该内容也很快就吸引了许多用户的关注，并纷纷点赞和评论，如图 1-14 所示。

图 1-14　围绕下雪打造的短视频示例

另一种方法是根据其他平台的热门话题来打造内容。因为刷视频的用户具有一定的相似性，在某个视频平台中受欢迎的话题，拿到其他视频平台上，可能也会吸引大量用户的目光。

而且，有的短视频平台暂时还没有一个展示官方话题的固定板块，所以与其漫无目的地搜索，倒不如借用其他视频平台中的热门话题来打造视频内容。

许多短视频平台都会展示一些热门话题，运营者可以找到它们并结合相关话题打造短视频内容进行发布。那么，如何寻找视频平台推出的热门话题呢？接下来，笔者就以抖音为例，进行具体的说明。

步骤 01 打开抖音 App，进入“首页”界面，点击“首页”界面右上方的🔍图标，如图 1-15 所示。

步骤 02 进入抖音搜索界面，在该界面的“抖音热榜”中会出现一些当前的热门事件，如图 1-16 所示。

图 1-15　点击🔍图标

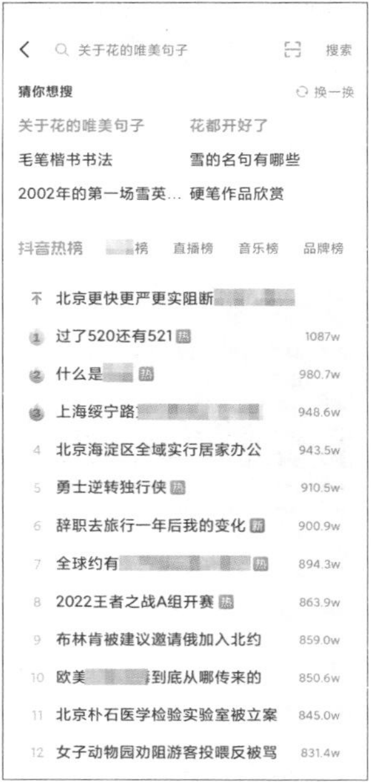

图 1-16　查看抖音的热门事件

1.4　内容：保持敏锐的嗅觉

做短视频运营，一定要对那些爆款视频时刻保持敏锐的嗅觉，及时地研究、分析和总结它们成功的原因。不要一味地认为那些人的成功都是运气好，而是要思考和总结他们是如何成功的。

多积累成功的经验，站在“巨人的肩膀”上策划短视频内容，才能看得更高、更远，才更容易超越他们。本节总结了短视频平台中的四大热门内容类型，在策划短视频内容时可以进行参考和运用。

1.4.1　颜值：用颜值为视频加分

从古至今，有众多形容“美”的成语，如沉鱼落雁、闭月羞花、倾国倾城……这些成语除了表示漂亮之外，还附加了一些漂亮所引发的效果。可见，高颜值还是有着一定影响力的。

为什么要先讲“高颜值”类的内容呢？原因很简单，就是因为在短视频平台上，许多运营者都是通过自身的颜值来取胜的。

以抖音为例，个人号粉丝排行前十位中，就有超过半数是通过“高颜值”的美

女帅哥出镜来吸引用户关注的。由此不难看出，颜值是抖音营销的一大利器。如果出镜者长得好看，那么他（她）只要在视频中随便唱唱歌或跳跳舞也能吸引一些用户的关注。

抖音平台如此，其他短视频平台也是如此。毕竟高颜值的美女帅哥，确实比一般人更能吸引用户的目光。因此，当短视频中有美女帅哥出镜时，自然能获得更多的流量，也会更容易上热门。

从人的方面来说，除了先天条件外，想要变美，有必要在自己所展现出来的形象和妆容上下功夫，让自己看起来显得更精神、更有神采，这样能明显提升颜值，而不是一副颓废的样子。

在短视频平台上，用户点赞的很大一部分原因，是由于他们被运营者的颜值吸引住了，也可以理解为“心动的感觉”。比起其他的内容形式，好看的外表确实很容易获取用户的好感。

但是，笔者说的“心动的感觉”并不单单指运营者的颜值高或身材好，而是通过一定的装扮和肢体动作，在视频中表现出充分入戏的镜头感。因此，这种“心动的感觉”是“颜值 + 身材 + 表现力 + 亲和力”的综合体现。

当然，这里的“美”并不仅仅是指人，它还包括美景、美食等。从景物、食物等方面来说，是完全可以通过其本身的美，再加上高深的摄影技术来实现的。如借助精妙的画面布局、构图和特效等，就可以打造一个高推荐量、高播放量的短视频内容。图 1-17 所示为通过美景、美食吸引用户关注的短视频示例。

图 1-17　通过美景、美食吸引用户关注的短视频示例

专家提醒

在抖音上可以看到，很多高颜值的运营者只是简单地唱一首歌、跳一段舞、在大街上随便走走或者翻拍一个简单的动作，即可轻松获得百万点赞。从这一点上可以看到，外表吸引力型的内容往往更容易获得用户的关注。

1.4.2 卖萌：呆萌可爱人见人爱

与“颜值”类似的“萌值”，例如萌娃、萌宠等类型的内容，同样具有难以抗拒的强大吸引力，能够让用户瞬间觉得心灵被治愈了。

在视频中，那些憨态可掬的萌娃、萌宠具备强大的治愈力，不仅可以快速火起来，而且可以获得用户的持续关注。萌往往和可爱这个词对应，所以许多用户在看到萌的事物时，都会忍不住想要多看几眼。下面将对萌娃和萌宠这两类常见的视频类型进行分析。

1. 萌娃

萌娃是一个深受用户喜爱的群体。萌娃本身就很可爱了，并且他们的一些行为举动也让人觉得非常有趣。所以，与萌娃相关的短视频，就能很容易地吸引许多用户的目光。图 1-18 所示为通过萌娃来吸引用户关注的短视频。

图 1-18 通过萌娃吸引用户关注的短视频示例

2. 萌宠

萌不是人的专有名词，小猫、小狗等可爱的宠物也是很萌的。许多人之所以养宠物，就是觉得萌宠们特别地惹人怜爱。如果能把宠物的日常生活中惹人怜爱、憨态可掬的一面通过短视频展现出来，也能吸引许多用户，特别是喜欢萌宠的用户前来围观。

也正是因为如此，短视频平台上出现了一大批萌宠网红。例如，某账号的粉丝数量超过 3900 万，该账号发布的内容是以记录两只猫在生活中遇到的趣事为主，视频中经常出现各种“热梗”，并配以“戏精”主人的表演，给人以轻松愉悦之感。图 1-19 所示为该账号发布的短视频。

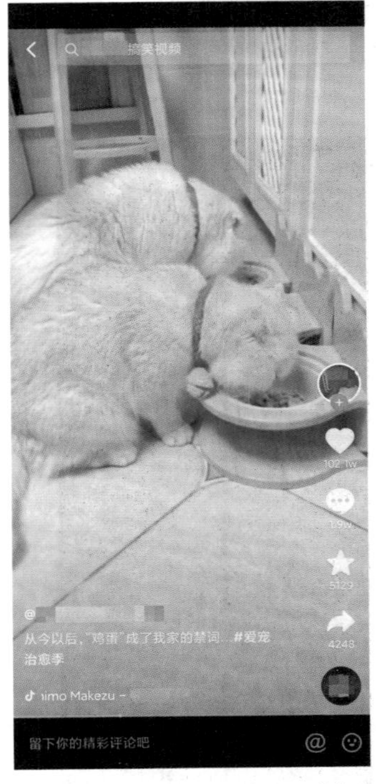

图 1-19　通过萌宠吸引用户关注的短视频示例

短视频平台中萌宠类运营者的数量不少，运营者要想从中脱颖而出，还得重点掌握一些内容策划的技巧，具体如下。

（1）让萌宠人性化。例如，可以在萌宠的日常生活中，找到它的性格特征，并通过剧情的设计，对萌宠的性格特征进行展示和强化。

（2）让萌宠拥有特长。例如，可以通过不同的配乐，展示萌宠的舞姿，把萌宠打造成舞王。

（3）配合萌宠演戏。例如，可以拍一个萌宠的日常，然后通过后期配音，让萌宠和主人进行“对话”。

1.4.3 才艺：看点十足赏心悦目

才艺包含的范围很广，除了常见的唱歌、跳舞之外，还包括摄影、绘画、书法、演奏、相声和脱口秀等。只要展示的才艺足够独特，并且具有足够的欣赏价值，那么相关的短视频就很容易获得用户的持续关注。

1. 演唱才艺

例如，某运营者本身就是一名歌手，并且也有一些自己的原创歌曲。因此，该运营者便经常发布演唱类的短视频。因为该运营者的歌声悦耳、动人，所以其发布的短视频就很容易地获得了大量用户的支持。

图 1-20 所示为某运营者发布的演唱类短视频，可以看到这些短视频的播放量、点赞量和评论量都是比较高的，这就说明这些短视频受到了许多用户的欢迎，同时也说明这些短视频更容易成为短视频平台的热门内容。

图 1-20　通过演唱才艺吸引用户关注的短视频示例

2. 舞蹈才艺

唱歌、跳舞自古以来就是拥有广泛受众的艺术形式。对于拥有一定舞蹈功力的运营者来说，只要通过短视频将自己的专业舞姿展示出来，就能获得一批用户的持续关注。

图 1-21 所示为某运营者发布的手指舞短视频，因为该运营者发布的短视频中经常展示用手指跳舞，并且还对手指进行了装扮，视频内容有一定的技术含量，所以大多数用户看到这些短视频之后都会忍不住想要点赞。

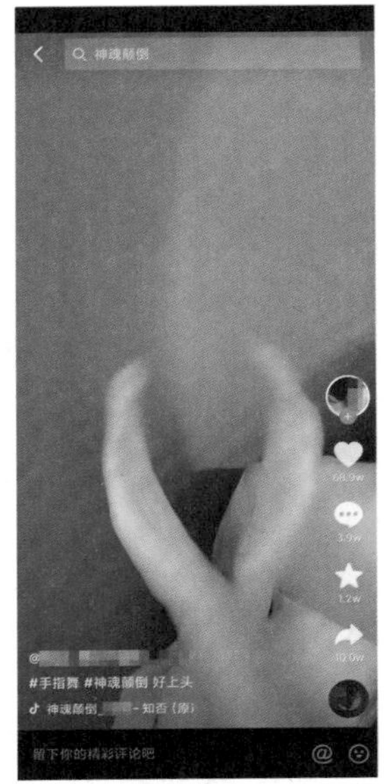

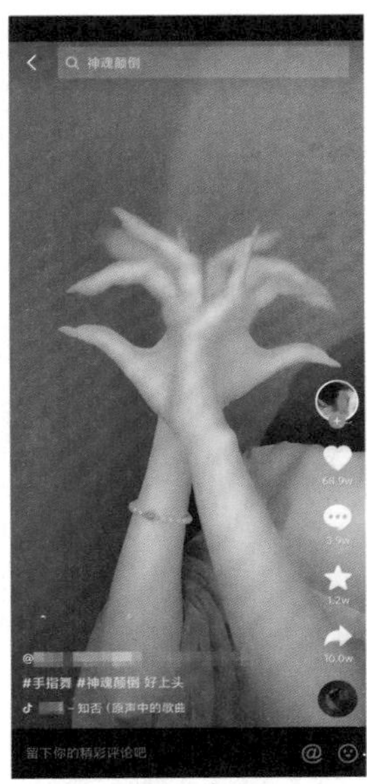

图 1-21 通过舞蹈才艺吸引用户关注的短视频示例

3．演奏才艺

对于一些学乐器的，特别是在乐器演奏上取得了一定成就的运营者来说，演奏的才艺只要足够精彩，也能快速吸引大量用户的持续关注。

图 1-22 所示的两条钢琴演奏的短视频展示了运营者的高超技艺，用户看到短视频之后，在发出赞叹之余，也会通过点赞来表示赞扬。

图 1-22 通过演奏才艺吸引用户关注的短视频示例

1.4.4 推广：提高内容的覆盖面

有时候专门打造短视频内容比较麻烦，运营者如果能够结合自己的兴趣爱好和所学专业，将大众都比较关注的信息进行推广，那么内容的打造就容易得多。而且若是用户觉得你推广的内容具有收藏价值，也会很乐意给你的短视频点赞。

例如，许多用户都比较喜欢听音乐，但是却没有时间去寻找更多好听的音乐。所以，某运营者就在账号中发布了大量音乐推荐类的短视频，对他认为好听的音乐进行推广。这些短视频深受爱好音乐的用户的欢迎，所以短视频的点赞量、评论量和转发量等数据都比较好。图 1-23 所示为该运营者发布的音乐推广类短视频。

除了音乐之外，电影也有大量的受众。许多爱好电影的人群甚至不惜花费大量的时间去寻找好的影片。对此，运营者便可以搜集一些值得推荐的电影，并通过短视频对这些电影进行讲解来推广。

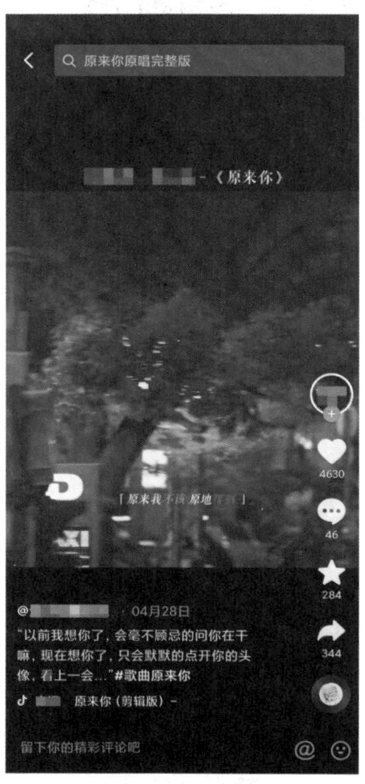

图 1-23　音乐推广类短视频示例

图 1-24 所示为某运营者发布的电影推广类的短视频，这类短视频中就是通过对电影信息的推广来获得用户的持续关注的。

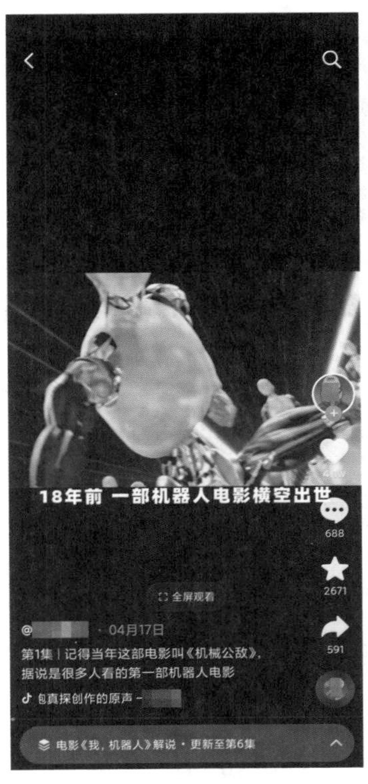

图 1-24　电影推广类短视频示例

1.5　标题：短视频创作的要点

标题是短视频内容的重要组成部分。要做好短视频内容，就要重点关注标题的策划。策划短视频标题必须要掌握一定的写作能力和技巧，只有熟练掌握标题策划必备的要素，才能更好、更快地撰写标题，达到引人注目的效果。

那么，在策划短视频标题时，应该重点关注哪些方面的内容呢？下面就一起来看一下标题制作的三大要点和拟写原则。

1.5.1　主题：与内容紧密联系

标题是短视频内容的“窗户”，如果用户能从这扇窗户中看到短视频的大致内容，就说明这一标题是合格的。换句话说，就是标题要体现出短视频内容的主题。

虽然标题的作用是吸引短视频用户，但是如果用户被某一标题吸引并点击查看内容，却发现标题和内容主题联系得不紧密，甚至是完全没有联系，就会降低用户的信任度，而短视频的点赞量和转发量也将被拉低。

这也要求运营者在策划短视频标题时，一定要做到所拟的标题与内容主题要联系紧密，切勿“挂羊头卖狗肉”，做标题党。运营者应该尽可能地让标题与内容紧密关联，如图 1-25 所示。

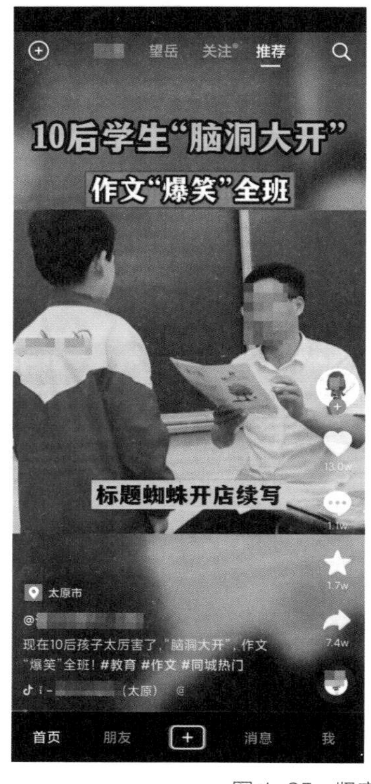

图 1-25　紧密联系主题的标题示例

1.5.2　简洁：突出短视频重点

一个标题的好坏直接决定了短视频的点击量、完播率的高低。所以，在策划标题时，一定要简洁明了、重点突出，标题字数不要太多，最好是能够朗朗上口，这样才能让用户在短时间内清楚地知道这个视频想要表达的内容是什么，他们才会愿意点击查看。

在策划短视频标题的时候，要注意标题用语的简短，突出重点，切忌标题成分过于复杂。标题越简单明了，用户的视觉感受越舒适，阅读起来也更为方便。图 1-26 所示为短视频的标题示例，该标题虽然字数很少，但用户能够从中看出短视频的主

要内容，这样的标题就很好。

图 1-26　简洁明了的标题示例

1.5.3　吸睛：抓住用户的眼球

标题在短视频中起着巨大的作用，表达了一条短视频的大意、主旨，甚至是对故事背景的诠释。因此，一条短视频的点赞量、评论量、完播率等数据的高低，与标题有着不可分割的联系。

要想吸引用户，短视频标题就必须有其点睛之处。给标题“点睛”是有技巧的。在策划标题时，运营者可以加入一些能够吸引用户眼球的词汇，如惊现、福利、秘诀、震惊等。这些“点睛”词汇能够更好地聚焦用户的目光，让用户对短视频内容产生好奇心。

1.5.4　拟写：遵循三个原则

评判一个文案标题的好坏，不仅仅要看它是否有吸引力，还需要参照一些其他的原则。在遵循这些原则的基础上撰写的标题，能让短视频更容易上热门。这些原则具体如下。

1. 换位原则

运营者在拟订文案标题时，不能只站在自己的角度去想要推出什么，而是要站在用户的角度去思考。也就是说，运营者应该将自己当成用户。如果想要了解某个问题，该用哪些关键词搜索它的答案？这样写出来的标题才会更接近用户的心理。

因此，运营者在拟写标题前，可以先将有关的关键词输入搜索浏览器中进行搜索，从排名靠前的文案中寻找拟写标题的规律，再将这些规律用于自己要撰写的文案标题中。

2. 新颖原则

运营者如果想要让自己的文案标题形式变得新颖，可以采用多种方法。那么，运营者如何做才能让短视频的标题变得更加新颖呢？下面介绍几种比较实用的标题形式。

（1）尽量使用问句，这样比较能引起人们的好奇心，如“谁来‘拯救’缺失的牙齿？”

（2）尽量详细，这样才更有吸引力。

（3）尽量将利益写出来。无论是查看这条短视频后所带来的利益，还是其中涉及的产品或服务所带来的利益，都应该在标题中直接告诉用户，从而提高标题对用户的吸引力。

3. 关键词组合原则

通过观察，可以发现能获得高流量的文案标题，都是拥有多个关键词并且进行组合之后的标题。这是因为，只有一个关键词的标题的排名影响力远不如多个关键词的标题。

例如，如果仅在标题中嵌入“面膜”这一关键词，那么用户在搜索时，只有搜索到“面膜”这一个关键词时，该短视频才会被搜索出来；如果含有“面膜”“变美”“年轻”等多个关键词，用户在搜索其中任意一个关键词时，该短视频都会被搜索出来，提高了该短视频的展现量。

1.6 创意：抓住当下热点视频

掌握短视频内容的技巧和方法后，还缺点什么？此时，只要在短视频中加入一点点创意玩法，这个作品离火爆就不远了。本节总结了一些短视频常用的热点创意玩法，从而可以快速打造爆款短视频。

1.6.1　热梗：快速制造话题热度

短视频的灵感来源，除了靠自身的创意想法外，运营者也可以多收集一些热梗，这些热梗通常自带流量和话题属性，能够吸引大量用户的点赞。

运营者可以将短视频的点赞量、评论量和转发量作为筛选依据，找到并收藏抖音或快手等短视频平台上的热门视频，然后进行模仿、跟拍和创新，打造出自己的优质短视频作品。

同时，运营者也可以在日常生活中寻找创意搞笑短视频的热梗，然后采用夸大化的创新方式将日常细节演绎出来。另外，在策划热梗内容时，运营者还需要注意以下事项。

（1）短视频的拍摄门槛低，运营者的发挥空间大。

（2）剧情内容有创意，能够牢牢紧扣用户的生活。

（3）多关注网络大事件，不错过任何网络热点。

1.6.2　混剪：注重浓缩的精华

在抖音上，常常可以看到各种影视混剪的短视频作品，这种内容创作形式相对简单，只要会剪辑软件的基本操作即可完成。影视混剪类短视频的主要内容形式是剪辑电影、电视剧或综艺节目中的主要剧情桥段，同时加上语速轻快、幽默诙谐的配音解说。

这种内容形式的难点在于运营者需要在短时间内将相关影视内容完整地说出来，这需要运营者具有极强的文案策划能力，能够让用户对各种影视情节有一个大致的了解。影视混剪类短视频的制作技巧，如图 1-27 所示。

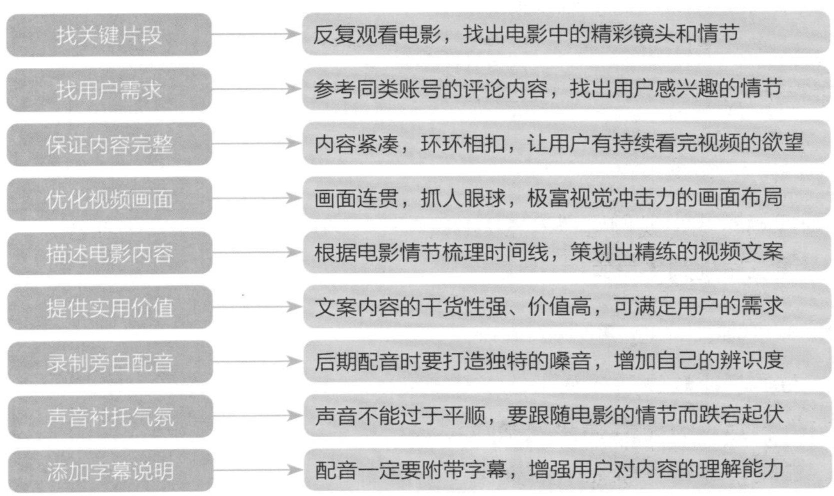

图 1-27　影视混剪类短视频的制作技巧

当然，做影视混剪类的短视频内容，运营者还需要注意两个问题：首先，要避免内容侵权，可以找一些不需要版权的素材，或者购买有版权的素材；其次，避免内容重复度过高，可以采用一些消重技巧来实现，如抽帧、转场和添加贴纸等。

1.6.3 录屏：轻松搞定视频录像

游戏类短视频是一种非常火爆的内容形式。在制作这种类型的短视频内容时，运营者必须掌握游戏录屏的操作方法。

大部分的智能手机自带录屏功能，快捷键通常为长按“电源键 + 音量键”开始，按“电源键”结束。读者可以尝试或者上网查询自己手机型号的录屏方法。打开游戏后，按下录屏快捷键即可开始录制画面，如图 1-28 所示。

图 1-28　使用手机进行游戏录屏

对于没有录屏功能的手机来说，也可以去手机应用商店中搜索并下载录屏软件。另外，利用剪映 App 的“画中画”功能，可以轻松合成游戏录屏界面和主播真人出镜的画面，从而制作出更加生动的游戏类短视频作品。

1.6.4 教学：分享知识技能

在短视频时代，我们可以非常方便地将自己掌握的知识录制成课程教学类短视频，然后通过短视频平台传播并出售，从而获得收益和知名度。

专家提醒

如果要通过短视频开展在线教学服务的话，前提是运营者在某一领域中比较有实力和影响力，这样才能确保提供给付费用户的东西是有价值的。另外，对于课程教学类短视频来说，操作部分相当重要，运营者可以根据点击量、阅读量和咨询量等数据，精心挑选一些热门、高频的实用案例。

下面总结了一些创作知识技能类短视频的相关技巧，如图 1-29 所示。

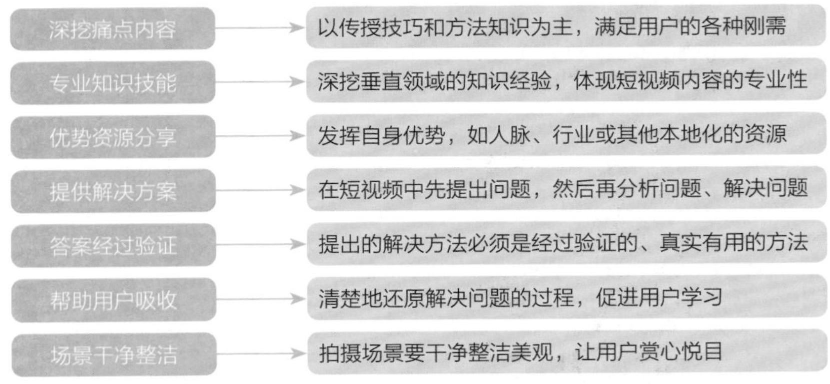

图 1-29　创作知识技能类短视频的相关技巧

1.6.5　节日：增加短视频人气

各种节日向来都是营销的旺季，运营者在制作短视频时，也可以借助节日热点来进行内容创新，提升作品的曝光量。

运营者可以从拍摄场景、服装、角色造型等方面入手，在短视频中打造节日氛围，引起用户共鸣。这类短视频的相关技巧如图 1-30 所示。

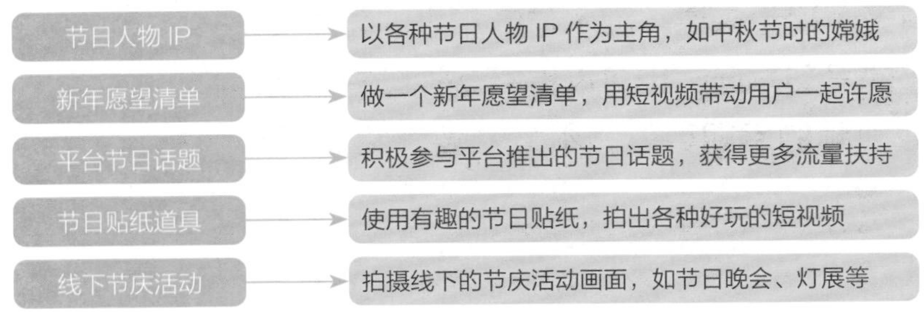

图 1-30　短视频中蹭节日热度的相关技巧

例如，在抖音 App 中就有很多与节日相关的贴纸和道具，而且这些贴纸和道具是实时更新的。运营者在制作短视频的时候不妨试一试，说不定能够为自己的作品带来更多人气。

第2章
脚本：提升效率少走弯路

对于短视频来说，脚本与电影中的剧本类似，不仅可以用来确定故事的发展方向，也可以提高短视频拍摄的效率和质量，还可以指导短视频的后期剪辑。本章主要介绍短视频脚本的创作方法和思路。

2.1 方法：创作短视频脚本

在很多人眼中，短视频似乎比电影还好看，很多短视频不仅画面和BGM（Background Music，背景音乐）劲爆、转折巧妙，而且剧情不拖泥带水，让人“流连忘返”。

而这些精彩的短视频的背后，都是靠短视频脚本来承载的。脚本是整个短视频内容的大纲，对于剧情的发展与走向有决定性的作用。因此，运营者需要写好短视频的脚本，让短视频的内容更加优质，这样才有更多的机会上热门。

2.1.1 概念：短视频脚本是什么

脚本是用户拍摄短视频的主要依据，能够提前统筹安排好短视频拍摄过程中的所有事项。例如，什么时候拍、用什么设备拍、拍什么背景、拍什么人或物以及怎么拍等。表 2-1 为一个简单的短视频脚本模板。

表 2-1 短视频脚本模板

镜号	景别	运　镜	画　面	设　备	备　注
1	远景	固定镜头	在天桥上俯拍城市中的车流	手机广角镜头	延时摄影
2	全景	跟随运镜	拍摄主角从天桥上走过的画面	手持稳定器	慢镜头
3	近景	上升运镜	从人物手部拍到头部	手持拍摄	
4	特写	固定镜头	人物脸上露出开心的表情	三脚架	
5	中景	跟随运镜	拍摄人物走下天桥楼梯的画面	手持稳定器	
6	全景	固定镜头	拍摄人物与朋友见面问候的场景	三脚架	
7	近景	固定镜头	拍摄两人手牵手的温馨画面	三脚架	后期背景虚化
8	远景	固定镜头	拍摄两人走向街道远处的画面	三脚架	欢快的背景音乐

在创作一部短视频的过程中，所有参与前期拍摄和后期剪辑的人员都需要遵从脚本的安排，包括摄影师、演员、道具师、化妆师和剪辑师等。如果短视频没有脚本，就会出现各种问题。例如，拍到一半发现场景不合适，或者道具没准备好，或者缺少演员等，不仅需要花费大量的时间和资金去重新安排和做准备，而且也很难做出想要的短视频效果。

2.1.2 内容：策划出优质短视频

对于短视频新手来说，账号定位和后期剪辑都不是难点，最让他们头疼的就是脚本策划。有时候，一个优质的脚本就可以快速将一条短视频推上热门。那么，什么样的脚本才能让短视频上热门，并获得更多人的点赞呢？图 2-1 中总结了一些优质短视频脚本的常用内容形式。

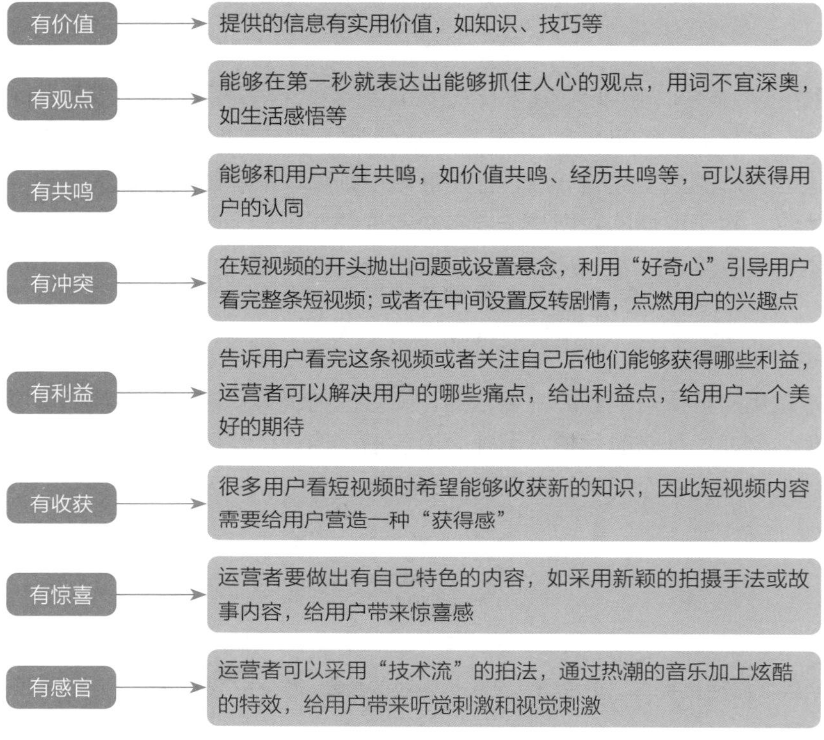

图 2-1　优质短视频脚本的常用内容形式

2.1.3　作用：保证短视频的质量

如果没有短视频脚本作为拍摄和剪辑的依据，那么运营者在制作短视频的过程中每一步都很艰难。短视频脚本的最大作用就是提前安排好每一个视频画面，从而提高工作效率，并保证短视频的质量。图 2-2 所示为短视频脚本的作用。

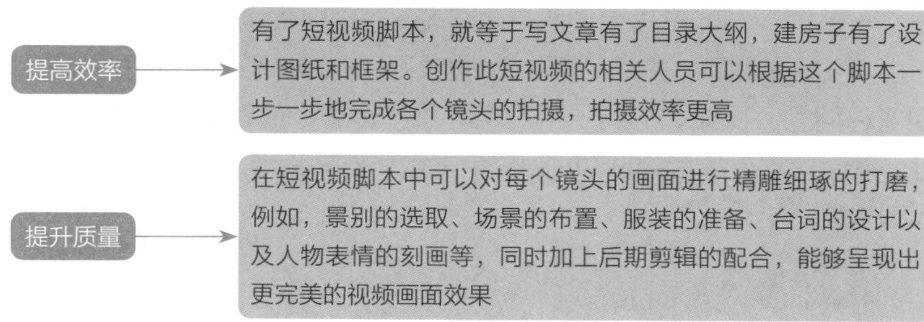

图 2-2　短视频脚本的作用

2.1.4　类型：短视频脚本的选择

短视频的时长虽然很短，但只要运营者足够用心，精心设计短视频的脚本和每一个镜头画面，让短视频的内容更加优质，就会获得更多上热门的机会。短视频脚本一般分为分镜头脚本、拍摄提纲和文学脚本 3 种，如图 2-3 所示。

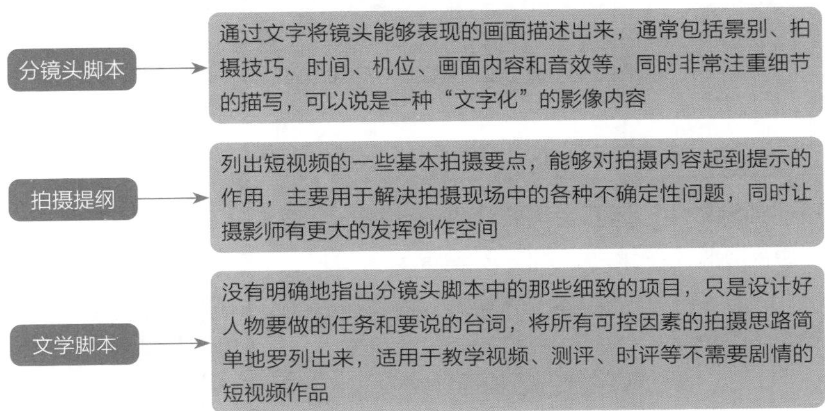

图 2-3　短视频的脚本类型

总结一下，分镜头脚本适用于剧情类的短视频内容，拍摄提纲适用于访谈类或资讯类的短视频内容，文学脚本则适用于没有剧情的短视频内容。

2.1.5　准备：明确视频的整体思路

当运营者在正式开始创作短视频脚本前，需要做好一些前期准备，将短视频的整体拍摄思路确定好，同时制定一个基本的创作流程。图 2-4 所示为编写短视频脚本的前期准备工作。

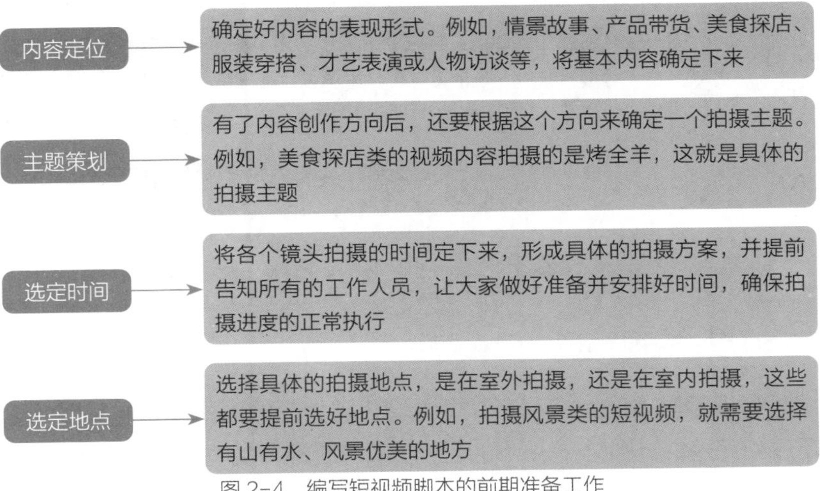

图 2-4　编写短视频脚本的前期准备工作

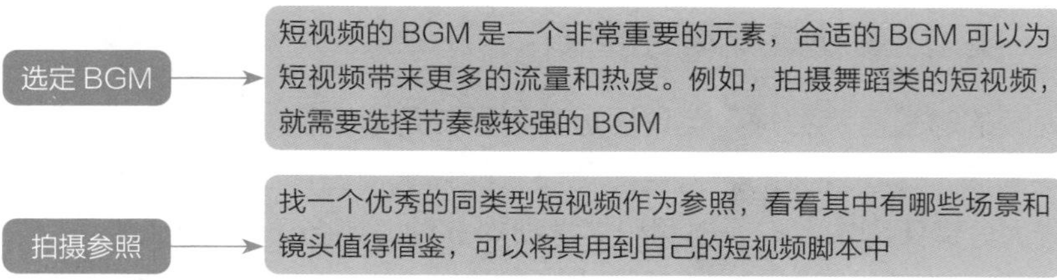

图 2-4　编写短视频脚本的前期准备工作（续）

2.1.6　设计：脚本的基本要素

在短视频脚本中，运营者需要认真设计每一个镜头。下面主要围绕 6 个基本要素来介绍短视频脚本的策划，如图 2-5 所示。

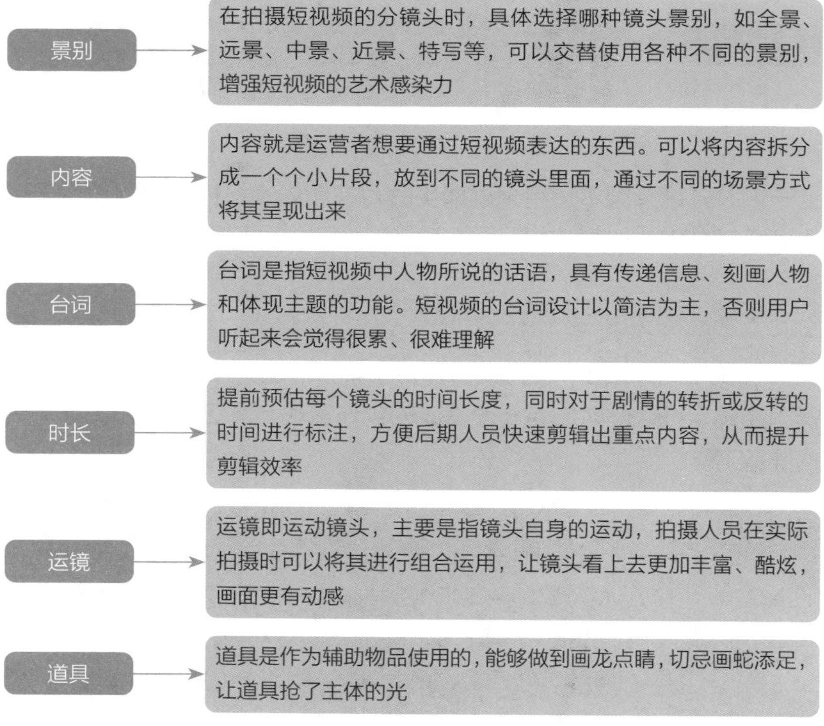

图 2-5　短视频脚本的基本要素

2.1.7　流程：短视频脚本怎么写

在编写短视频脚本时，运营者需要遵循化繁为简的形式规则，同时需要确保内容的丰富度和完整性。图 2-6 所示为短视频脚本的基本编写流程。

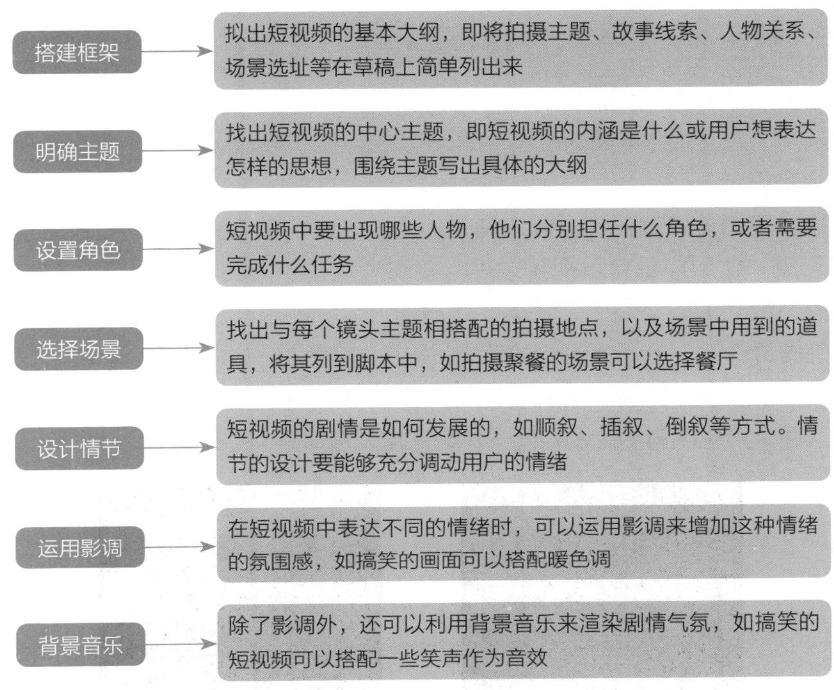

图 2-6　短视频脚本的基本编写流程

2.1.8　步骤：3 步构建视频脚本

短视频脚本的策划是一个系统工程。一个脚本从空白到完成整体构建，需要经过以下 3 个步骤。

1. 确定主题

确定主题是短视频脚本创作的第一步，也是关键性的一步。因为只有主题确定了，运营者才能围绕主题策划脚本内容，并在此基础上将符合主题的重点内容针对性地展示给核心目标用户群。

2. 构建框架

主题确定之后，接下来需要做的就是构建一个相对完整的脚本框架。例如，可以从什么人，在什么时间、什么地点，做了什么事，造成了什么影响的角度，勾勒短视频内容的大体框架。

3. 完善细节

内容框架构建完成后，运营者还需要在脚本中对一些重点的内容细节进行完善，从而让整个脚本内容更加具体。例如，从“什么人”这个角度来说，运营者在脚本策划的过程中，可以对短视频中将要出镜的人员的穿着、性格特征和特色化的语言进行策划，让人物的形象变得更加丰满和立体。

2.1.9 设定：剧情策划的两个方面

剧情策划是脚本策划过程中需要重点把握的内容。在策划剧情的过程中，运营者需要从两个方面做好详细的设定，即人物设定和场景设定。

1. 人物设定

人物设定的关键就在于通过人物的台词、情绪的变化和性格的塑造来构建一个立体的形象，让用户看完短视频之后，就对短视频中的相关人物留下深刻的印象。除此之外，成功的人物设定，还能让用户通过人物的表现，对人物面临的相关情况更加地感同身受。

图 2-7 所示为某短视频的相关画面，该视频中的人物需要同时扮演两个角色，并且从这两个角色的角度出发对同一件事作出反应。

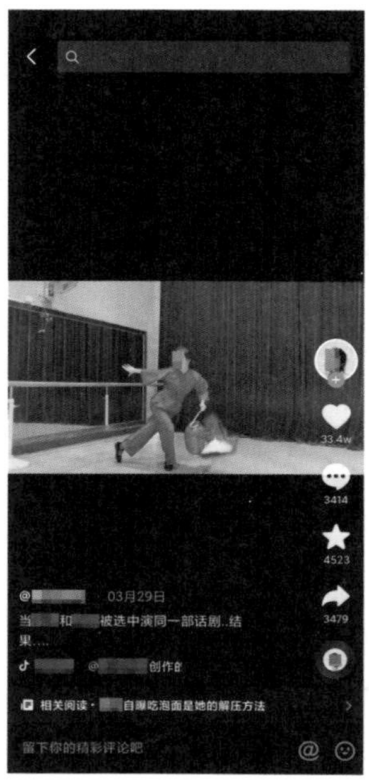

图 2-7　某短视频的相关画面

对于这种类型的短视频，运营者在策划时就应该从性格、语言表达和服装等方面明确这两个角色的设定，这样用户在看视频时便能看出角色间的巨大反差。

2. 场景设定

场景的设定不仅能够对短视频内容起到渲染作用，还能让短视频的画面更具有美感、更能吸引用户的关注。

具体来说，运营者在策划脚本时，可以根据短视频主题的需求，对场景进行具体的设定。例如，运营者要制作宣传厨具的短视频，便可以在策划脚本时，把场景设定在一个厨房中。

2.1.10　对话：旁白和台词的设计

在短视频中，人物对话主要包括短视频的旁白和人物的台词。短视频中人物的对话，不仅能够对剧情起到推动作用，还能显示出人物的性格特征。例如，如果运营者要打造一个勤俭持家的人物形象，就可以在短视频中展示人物买菜时与店主讨价还价的场景。

因此，运营者在策划脚本时需要对人物对话多一分重视，一定要结合人物的形象来设计对话。有时候为了让用户对视频中的人物留下深刻的印象，运营者甚至需要为人物设计口头禅。图 2-8 所示为设计的口头禅短视频示例。

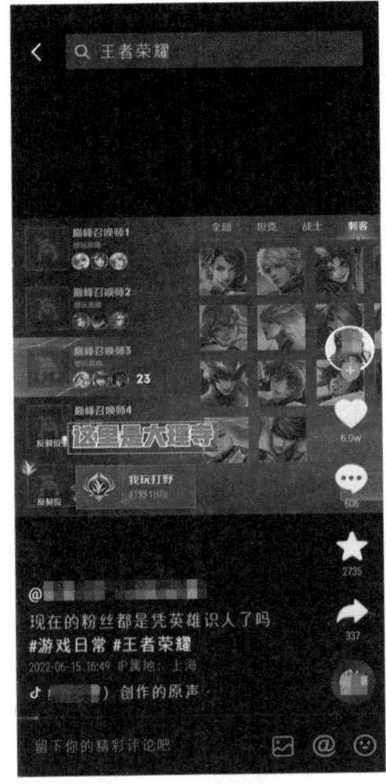

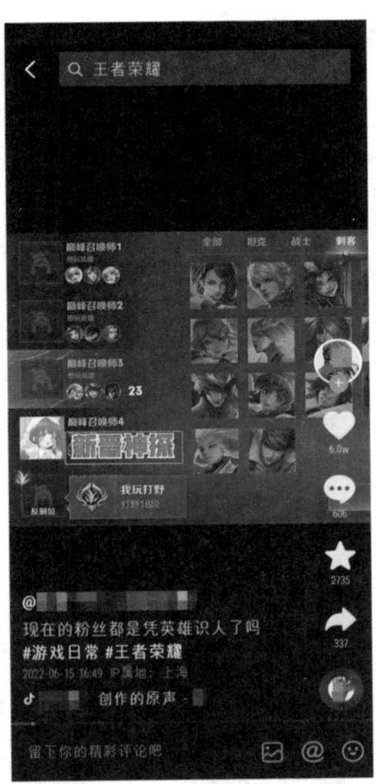

图 2-8　设计的口头禅短视频示例

2.1.11　分镜：针对性地策划内容

脚本分镜就是在策划脚本时将短视频内容分割为一个个具体的镜头，并针对具体的镜头策划内容。通常来说，脚本分镜主要包括分镜头的拍法（包括景别和运镜方式）、镜头的时长、镜头的画面内容、旁白和背景音乐等。好的分镜必须做好减法，这样不仅可以使画面更丰富，还可以更好地帮助用户理解视频的画面内容。

脚本分镜实际上就是将短视频制作这个大项目，分割成一个个具体可实行的小项目（即一个个分镜头）。因此，在策划分镜头内容时，不仅要将镜头内容具体化，还要考虑到分镜头拍摄的可操作性。

2.2 策划：短视频的脚本内容

脚本的策划对于短视频制作来说是至关重要的，那么短视频脚本内容要怎样来策划呢？笔者认为，运营者可以从短视频的定位、规范、个性、热点和创意这 5 个方面进行考虑，本节将分别进行解读。

2.2.1 定位：视频营销内容要精准

在策划脚本时，运营者应该立足定位，精准地进行营销。精准定位同样属于短视频的基本要求之一，每一个成功的短视频都具备这一特点。图 2-9 所示为一个关于女装营销的短视频。

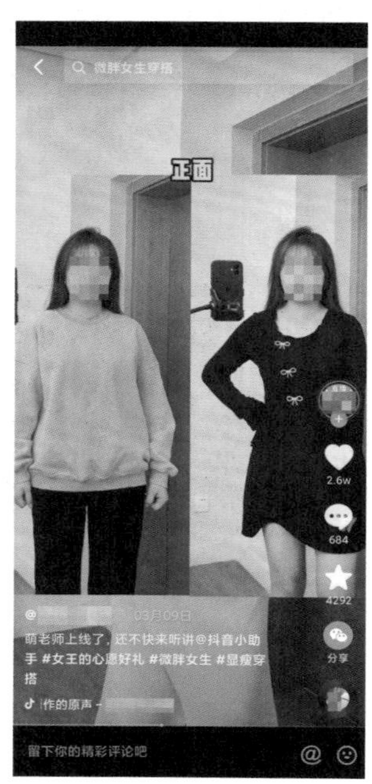

图 2-9 女装营销短视频

这个短视频的成功之处就在于，根据其自身定位明确地指出了目标消费者是微胖女生，从而快速吸引大量精准用户的目光。对运营者而言，在编写脚本时要做到精准的内容定位，可以从以下 4 个方面入手，如图 2-10 所示。

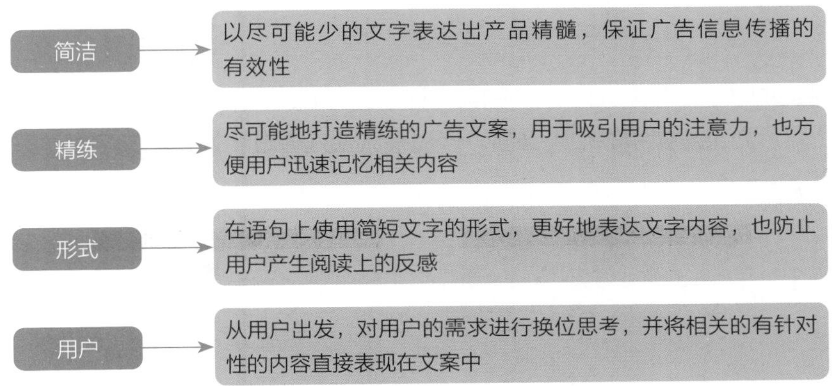

图 2-10　精准内容定位的相关分析

2.2.2　规范：脚本策划的基本要求

随着互联网技术的发展，每天更新的信息量十分惊人。"信息爆炸"的说法主要来源于信息的增长速度，庞大的原始信息量和更新的网络信息量通过新闻、娱乐和广告信息等传播媒介作用于每一个人。

对于运营者而言，要想让短视频中的内容被大众认可，能够在庞大的信息量中脱颖而出，那么首先需要做到的就是内容的准确性和规范性。

在实际的应用中，内容的准确性和规范性是任何短视频脚本策划的基本要求，具体的内容分析如图 2-11 所示。

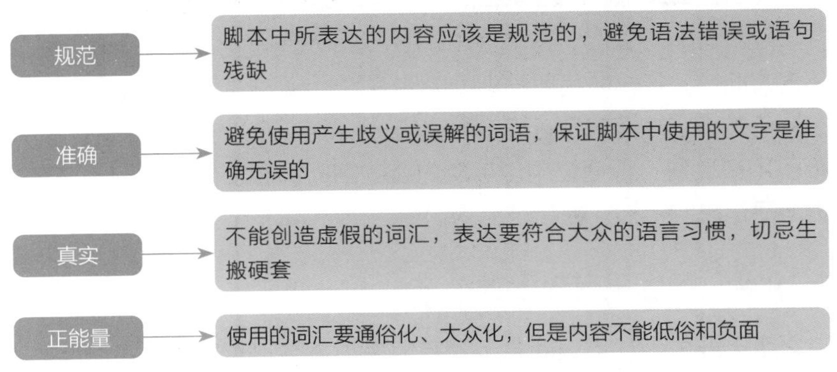

图 2-11　短视频脚本的规范要求

之所以要规范地进行脚本的策划，是因为短视频的制作是以脚本为基础的。脚本规范了，制作出来的短视频也就规范了。规范的文案信息更能够被用户理解，短视频的传播效果也会更好。同时，规范的文案信息，还能节省产品的相关资金和人力资源的投入。

2.2.3　个性：加深用户的第一印象

个性化的表达，能够加深用户的第一印象，让用户看一眼就能记住短视频内容。图 2-12 所示为某短视频的相关画面，该短视频便是通过个性化的文字表达来赢得用户关注的。

图 2-12　个性化的文字表达

对运营者而言，每一条优质的短视频刚开始时都是一张白纸，需要创作者不断地在脚本中添加内容才能成型。而个性化的短视频则可以通过清晰、别样的表达方式，在吸引用户关注、快速让用户接收内容的同时，激发用户对相关产品的兴趣，从而促进产品信息的传播，提高产品的销量。

2.2.4　热点：找到更有热度的内容

热点之所以能成为热点，就是因为有很多人关注。而某个内容成为热点之后，人们往往便会对其多一分兴趣。所以，在脚本策划的过程中，如果能够围绕热点创作内容，那么创作出来的短视频就能更好地吸引用户。

2022 年 3 月中旬，随着电视剧《与君初相识》和《恰似故人归》的热播，这两部电视剧也开始成为一个热点，与其相关的短视频内容也受到了许多用户的欢迎。正是因为如此，许多运营者围绕该电视剧策划脚本，并打造了相关的短视频内容，如图 2-13 所示。

图 2-13　围绕热点打造的短视频示例

果然，这些短视频内容发布之后，短期内便吸引了大量用户的关注，相关短视频的多项数据也创造了新高，由此便不难看出围绕热点而创作的脚本对于短视频宣传推广的助益。

2.2.5　创意：用创新获得更多关注

创意对于任何行业都十分重要，尤其是在网络信息极其发达的社会中。自主创新的内容往往更能够让人眼前一亮，进而获得更多用户的关注。

图 2-14 所示为一条关于创意手工的短视频。在该视频中，运营者利用贝壳、细沙和滴胶等材料制作了一个小茶几，制作完成后的冲浪桌浪花十分生动，美观又实用。看完这条短视频之后，许多用户都会因为该视频中新颖的制作创意而纷纷点赞。

创意是为短视频主题服务的，因此短视频中的创意必须与主题有着直接的关系，不能生搬硬套，牵强附会。在常见的优秀案例中，文字和图片的双重创意往往比单一的创意更能够打动人心。

对于正在创作中的短视频而言，要想突出相关产品或内容的特点，还需要在保持创意的前提下通过多种方式更好地编写脚本，并打造短视频内容。短视频脚本的表达主要有 8 个方面的要求，具体为语句优美、方便传播、易于识别、内容流畅、契合主题、易于记忆、符合音韵和突出重点。

图 2-14　创意十足的短视频

2.3　设计：短视频的剧本情节

相对于一般的短视频，那些带有情节的故事类短视频往往更能吸引用户的目光，让用户有兴趣看完整个视频。当然，绝大多数短视频的情节都是设计出来的，那么如何通过设计，让短视频的情节更具有戏剧性、更能吸引用户的目光呢？本节就介绍 8 种脚本剧情设计方法。

2.3.1　标签：通过剧情强化人设

在账号的运营过程中，运营者应该要对短视频内容进行准确的定位，即确定该账号侧重于发布哪方面的内容。短视频内容定位完成后，运营者可以根据定位设计剧情，并通过短视频来加强人设的特征。

人设就是人物设定，简单来说，就是给运营者贴上一些特定的标签，让用户可以通过这些标签准确地把握运营者的某些特征，进而让运营者的形象在用户心中留下深刻的印象。

2.3.2　搞笑：借助视频传递快乐

打开抖音 App，随便刷几个短视频，就会看到其中有搞笑类的视频内容。这是因为短视频毕竟是人们在闲暇时间用来放松或消遣的娱乐方式，因此平台非常喜欢这种搞笑类的视频内容，也更愿意将这些内容推送给用户，提升用户对平台的好感，同时让平台变得更为活跃。

因此，运营者要了解平台，制作平台喜欢的内容。运营者通过在自己的短视频中添加一些搞笑元素，可以增加内容的吸引力，让用户看到视频后便乐开了花，忍不住要给你点赞。在拍摄搞笑类短视频时，可以从图 2-15 所示的几个方面来策划内容。

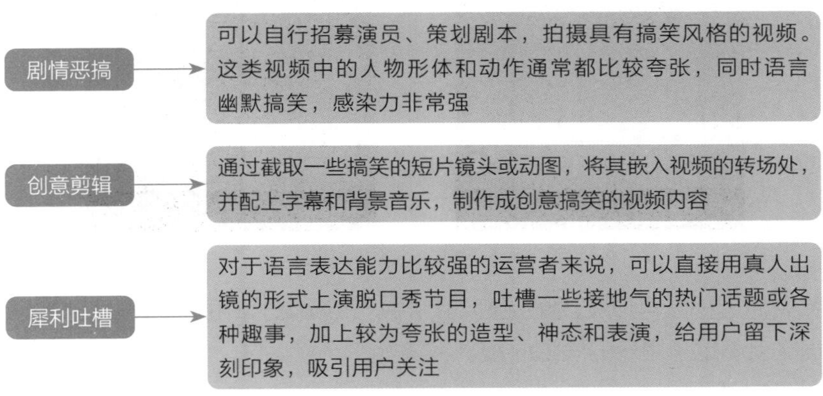

图 2-15　搞笑类短视频的策划要点

专家提醒

运营者也可以自行拍摄各类原创幽默搞笑段子，变身搞笑达人，轻松获得大量用户的关注。当然，这些搞笑段子的内容最好来源于生活，或者是发生在自己周围的事，这样会让用户产生亲切感。

另外，搞笑类的视频内容包含面非常广，酸甜苦辣，应有尽有，不容易让用户产生审美疲劳，这也是很多人喜欢搞笑段子的原因。

许多用户之所以刷短视频，就是希望能从短视频中获得快乐，从而宣泄自己的负面情绪。基于这一点，运营者要能够写段子，并通过幽默搞笑的短视频剧情，给用户传递快乐。

图 2-16 所示为某短视频的相关画面，该视频通过将多个段子进行组合，达到给用户传递快乐的目的。因为视频中的这些段子本身就比较幽默，同时后期的配音也起到了画龙点睛的作用，所以该视频一经播出就吸引了许多用户的注意力，提高了点赞量。

图 2-16　幽默搞笑的短视频示例

搞笑类的短视频可以在闲暇无趣时给用户带来快乐，也可以消磨时光，因此也在一定程度上满足了用户的消遣心理。

2.3.3　娱乐：利用幕后消息吸睛

娱乐性的新闻，特别是关于公众人物的幕后消息，一经发布往往就能快速吸引到人们的关注并引起热议。

这一点其实很好理解，毕竟公众人物更加在意自己的隐私，不希望被过多地暴露在公众面前。也正是因为无法轻易看到，所以一旦某位公众人物的幕后消息被爆料，就能快速吸引人们的目光。

基于这一点，运营者在制作短视频剧本的过程中，可以适当地结合娱乐新闻打造短视频剧情，甚至还可以直接制作一个完整的短视频，对该娱乐新闻中的相关内容进行具体的解读。

图 2-17 所示为关于娱乐性新闻的短视频，因为这两条短视频中出现的人物都是明星，所以一经发布，便引起了许多用户的围观，迅速成为热门短视频。

图 2-17　关于娱乐性新闻的短视频示例

2.3.4　槽点：让大家一起来吐槽

一条评论短视频要想快速吸引用户的目光，就必须带有一定的亮点。这个亮点包含的范围很广，既可以是迎合了热点、击中了痛点、提供了痒点，也可以是表达幽默风趣，还可以是充满了槽点。

所谓的槽点，就是让人看完之后，想要一起“吐槽”的爆点。运营者可以把社会上的不良现象或热点事件剪辑到自己的短视频中，引起用户对这种现象式事件的思考和讨论，提高互动性。

2.3.5　痒点：找到用户的潜在兴趣

可能部分短视频运营者看到标题之后，对于痒点会有一些疑惑。究竟什么是痒点呢？简单地理解，痒点就是一个让人看后觉得心里痒痒的，忍不住想要进行观看的点，如图 2-18 所示。

有痒点的短视频，不仅可以快速吸引用户的关注，让短视频内容被更多用户看到，而且运营者还可以通过这些“痒点”来吸引用户评论，从而提高他们对短视频的参与度。

图 2-18　有痒点的短视频示例

2.3.6　痛点：抓住用户的真需求

运营者在对短视频进行创作时，可以找到用户的痛点，通过满足用户某方面的需求来吸引他们的关注，这一点对于引导用户购买商品时尤其重要。

在图 2-19 所示的短视频中，运营者便从短视频用户个子比较矮、身材不太好、衣服不会搭这个角度出发进行产品宣传。

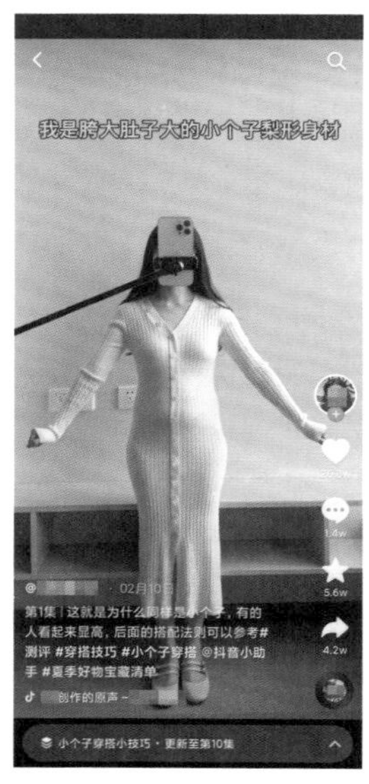

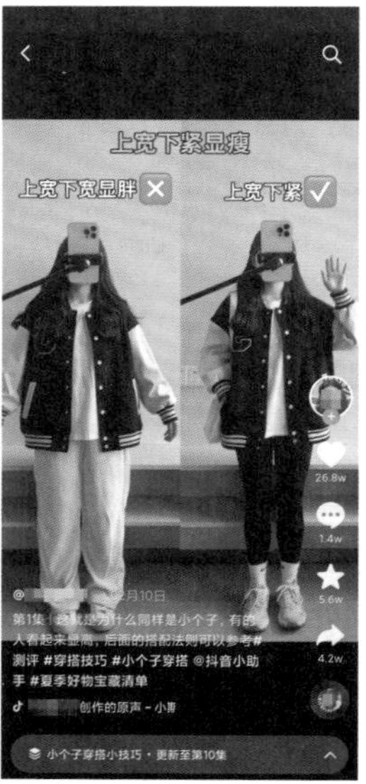

图 2-19　从痛点出发的短视频示例

虽然这是从痛点出发进行的产品宣传，但也满足了用户对于衣服搭配看起来显高的需求，所以部分用户在看到该短视频之后进行点赞。可以想象，如果用户对于衣服搭配有显高的需求，那么在看到该短视频之后，对短视频中的服饰的需求会有所提高。在这种情况下，短视频中服饰的销量也就有保障了。

2.3.7　爆点：让全世界都记住你

人类情感丰富，总是被各种情感所牵动，特别是那些能激励人们奋发向上的正能量，更是激起用户感动情绪的重要原因之一，也是短视频的爆点所在。

作为一个生活在新中国的人，看到与图 2-20 类似的视频，是不是会感到特别骄傲和自豪呢？油然而生的激动情绪是这类爆款短视频推广效果的缩影。

图 2-20　关于国家建设发展的短视频示例

对用户来说，短视频平台更多的是一个打发无聊、闲暇时光的工具。而运营者可以分析平台上的这类用户群体的特点，多发布一些能激励人心、感动你我的短视频内容，从而让无聊变“有聊”，让闲暇时光也充实起来，这也符合短视频平台的初心。

2.3.8　时事：根据热点设计剧情

为什么许多人都喜欢看各种新闻？这并不一定是因为看新闻非常有趣，而是因为他们能够从新闻中获取时事信息。

基于这一点，运营者在策划短视频脚本的过程中，可以根据一些网络热点资讯设计短视频的剧情，让短视频内容能够满足用户获取时事信息的需求，从而增加短视频的播放量。

例如，2022 年 4 月 16 日神舟十三号安全着陆。神舟十三号的安全着陆彰显着我国在航天事业多年来取得的伟大成就。这一消息很快就受到了全国人民的关注，并引发热议。正是因为如此，许多运营者结合该网络热点设计了短视频剧情，如图 2-21 所示。

图 2-21　根据热点设计剧情的短视频示例

这种结合网络热点资讯打造的短视频内容，推出之后就能迅速获得部分用户的关注。主要原因有二：一是用户需要获得有关的热点资讯；二是如果这些热点资讯有相关性，那么在看到与其相关的短视频时，用户点击查看的兴趣会更高。

拍　摄　篇

第 3 章

前期：拍摄高清大片的方法

短视频要想获得好的观赏效果，就需要利用各种镜头和技巧去拍摄，以保证视频画面的清晰度和美观度。本章主要介绍使用手机拍摄短视频的相关功能和技巧，帮助读者掌握短视频的前期拍摄方法，轻松拍出高清大片。

3.1　方法：手机短视频的拍摄

用户在使用手机拍摄视频时，可以利用手机相机中自带的各种功能拍摄出优质的短视频。本节将基于手机的拍摄功能介绍手机短视频的拍摄方法。

3.1.1　画面：拍摄稳定清晰的视频

拍摄器材的稳定性在很大程度上决定了视频画面的清晰度。如果手机在拍摄时不够稳定，拍摄出来的视频画面就会摇摇晃晃，导致画面模糊不清晰。如果手机被固定好，那么在视频的拍摄过程中就会十分平稳，拍摄出来的视频画面的效果也会非常清晰。

大部分情况下，在拍摄短视频时，我们都是用手持的方式来保持拍摄器材的稳定。图 3-1 所示为用双手夹住手机，从而保持稳定，获得清晰的画面效果。

图 3-1　拍视频的持机方式操作技巧

专家提醒

千万不要只用两根手指夹住手机，尤其在一些高建筑、山区、湖面以及河流等地拍摄时，这样做的话，就会有手机掉落的风险。如果一定要单手持机，则最好紧紧地握住手机；如果是双手持机，则可以使用“夹住”的方式，这样更加稳固。

另外，用户可以将手肘放在一个稳定的平台上，减轻手部的压力，或者使用三脚架、八爪鱼以及手持稳定器等设备来固定手机，并配合无线快门来拍摄视频。

3.1.2 功能：手机自带的拍摄功能

随着手机功能的不断升级，所有的智能手机都有视频拍摄功能，但不同品牌或型号的手机，视频拍摄功能也会有所差别。

下面主要以小米（型号为 Redmi Note 11 Pro）手机为例，来介绍手机相机的视频拍摄功能设置技巧。在手机上打开相机后，点击“录像”按钮，即可切换至视频拍摄界面，如图 3-2 所示。

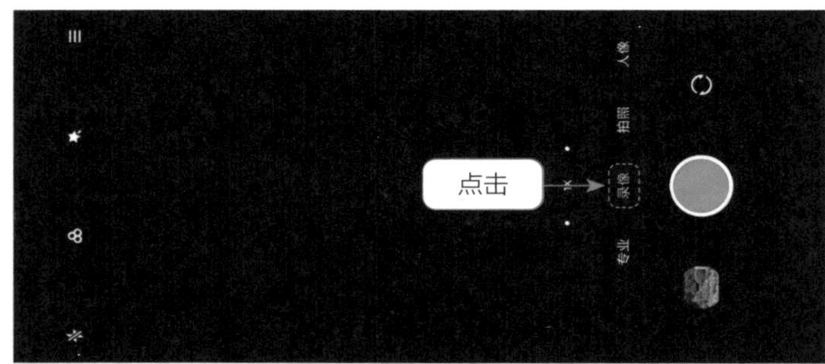

图 3-2 小米手机的视频拍摄界面

点击图标，可以设置闪光灯，如图 3-3 所示。点击图标开启闪光灯功能后，在弱光情况下可以给视频画面进行适当补光。在图 3-2 所示的界面中点击图标，即可切换至相应的选项卡，在选项卡中点击图标，可以设置默认的九宫格参考线，如图 3-4 所示。点击图标下方的“参考线”按钮，即可进入“参考线”选项区，如图 3-5 所示，在其中可以设置其他的参考线样式。

图 3-3 设置手机闪光灯

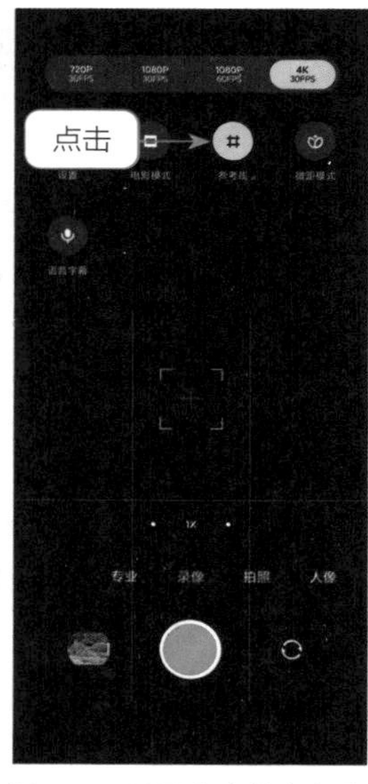

图 3-4 设置九宫格参考线

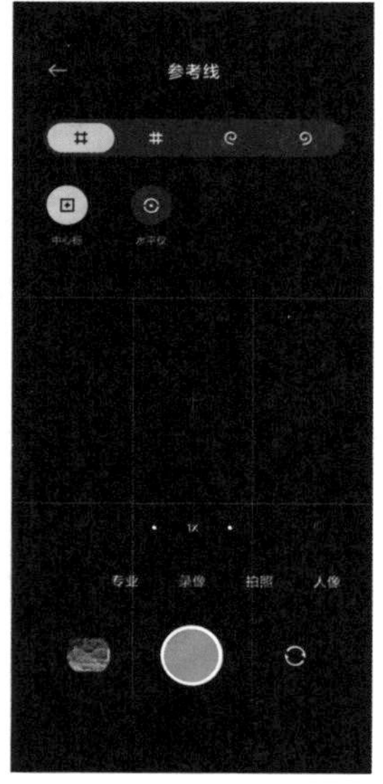

图 3-5 “参考线”选项区

图 3-6 所示为使用小米手机拍摄的小狗奔跑的短视频。其后置主摄像头为 108 兆像素的镜头，拥有 AIS 超级防抖功能。可以看到该手机将正在奔跑的小狗的画面拍摄得非常稳定、清晰。

图 3-6　小狗奔跑的短视频

3.1.3　设置：视频的分辨率和帧率

在拍摄短视频之前，用户需要选择正确的视频分辨率和视频帧率，通常建议将分辨率设置为 1080p（FHD）、18 ：9（FHD +）、4K（UHD）或 8K 等。

- 1080p 又可以称为 FHD（FULL HD），是 Full High Definition 的缩写，即全高清模式，一般能达到 1920×1080 的分辨率。
- 18 ：9（FHD +）是一种略高于 2K 的分辨率，也就是加强版的 1080p。
- UHD（Ultra High Definition）是一种超高清模式，即通常所指的 4K，其分辨率是全高清（FHD）模式的 4 倍，具有 4096×2160 分辨率的超精细画面。而 8K 能达到 7680×4320 的分辨率，是目前电视视频技术的最高水平。

以小米手机为例，点击“录像”界面中的▤图标，切换至相应选项卡，在选项卡上方的选项区中即可设置相应的视频帧率和分辨率，如图 3-7 所示。

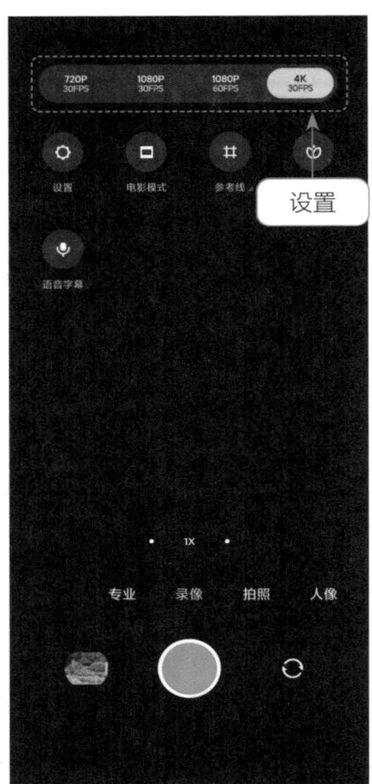

图 3-7　设置视频帧率和分辨率

专家提醒

在一些短视频平台中上传短视频时，会存在压缩视频画质的情况，例如，抖音 App 的默认竖屏分辨率为 1080×1920、横屏分辨率为 1920×1080。在抖音上传拍好的短视频时，系统会对其进行压缩，因此建议先对视频进行修复处理，避免上传后产生画面模糊的现象。

另外，苹果手机的视频分辨率设置也同样简单：❶ 在手机的“设置”界面中选择“相机”选项；❷ 选择“录制视频”选项，即可看到手机的默认分辨率；❸ 进入“录制视频”界面，用户可以根据需求选择合适的视频分辨率，如图 3-8 所示。

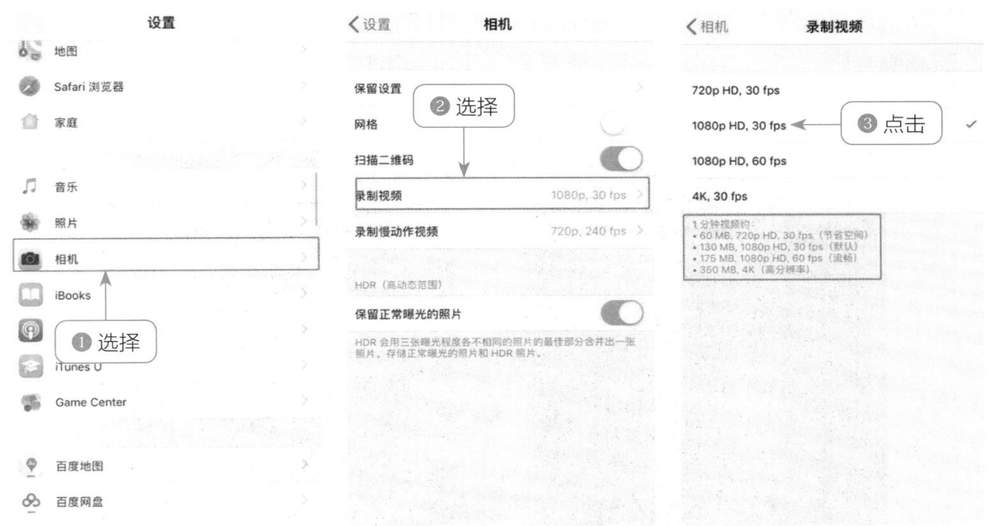

图 3-8　设置苹果手机的视频分辨率

3.1.4　对焦：手机拍摄出优质画面

对焦是指通过手机内部的对焦机构来调整物距和相距的位置，从而使拍摄对象清晰成像的过程。在拍摄短视频时，对焦是一项非常重要的操作，是影响画面清晰度的关键因素。尤其是在拍摄运动状态的主体时，对焦不准画面就会模糊。

要想实现精准的对焦，首先要确保手机镜头洁净。与相机不同，手机镜头通常都是裸露在外面的（见图 3-9），一旦沾染灰尘或污垢等杂物，就会对视野造成遮挡，同时还会降低进光量，导致无法精准对焦，拍摄的视频画面也会变得模糊不清。因此，对于手机镜头的清理不能马虎，用户可以使用专业的清理工具或十分柔软的布，将手机镜头上的杂物清理干净。

图 3-9　裸露在外面的手机镜头

手机通常都是自动对焦的，但在检测到主体时，会有一个非常短暂的合焦过程，此时画面会轻微模糊或抖动一下。图 3-10 所示为手机合焦过程中画面出现短暂的模糊现象。

图 3-10　手机合焦过程中的画面效果

因此，用户可以等待手机完成合焦并清晰对焦后，再按下快门拍摄视频。图 3-11 所示为手机准确对焦后，画面变得清晰的效果图。

图 3-11　在手机完成对焦后画面变清晰

大部分手机会自动将焦点放在画面中心位置的物体上，在拍摄视频时也可以通过点击屏幕的方式来改变对焦点的位置，如图 3-12 所示。

图 3-12　以荷花为对焦点

在手机上拍摄景物时，用手指在屏幕上点击想要对焦的位置，该位置就会变得更加清晰，而越远的地方则虚化效果越明显，如图 3-13 所示。

图 3-13　点击屏幕选择对焦点

手机的自动对焦通常是根据画面的反差来实现的，具体包括明暗反差、颜色反差、质感反差、疏密反差以及形状反差等。如果画面的反差较小时，则自动对焦可能会失效。因此，可以选择反差大的位置去对焦。

3.1.5　变焦：手机清晰拍摄远处景物

变焦是指在拍摄视频时将画面拉近从而拍到远处的景物的过程。另外，通过变焦功能拉近画面，还可以减少画面的透视畸变，获得更强的空间压缩感。不过，变焦也有弊端，那就是会损失画质，影响画面的清晰度。

以华为手机为例，在视频拍摄界面的右侧可以看到一个变焦控制条，拖动变焦图标◎，即可调整焦距放大画面，同时画面中央会显示目前所设置的变焦参数，如图 3-14 所示。

图 3-14　调整焦距放大画面

如果用户使用的是低版本的手机，视频拍摄界面中可能没有这些功能按钮，此时也可以通过双指缩放屏幕的方式来进行变焦调整，如图 3-15 所示。

图 3-15　双指缩放屏幕调整变焦

图 3-15　双指缩放屏幕调整变焦（续）

除了缩放屏幕和后期裁剪画面实现变焦功能外，有些手机还可以通过上下音量键来控制焦距。以小米手机为例，进入“相机设置”界面，❶ 选择“音量键功能”选项；❷ 在“音量键功能”选项区中选择“变焦”选项即可，如图 3-16 所示。

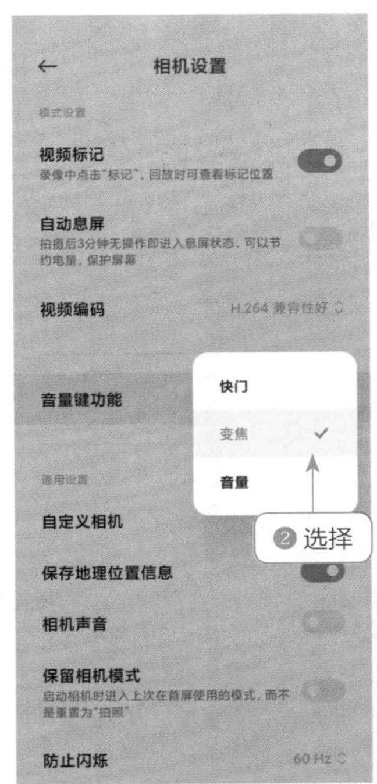

图 3-16　设置“音量键功能”为“变焦”

设置完成后，返回视频拍摄界面，即可按手机侧面的“上音量”键和“下音量”键来控制画面的变焦参数，如图 3-17 所示。

图 3-17　通过音量键实现变焦

3.1.6　曝光：手机拍摄出优质视频

曝光并没有正确和错误的说法，只有合不合适。也就是说，在拍摄短视频时，究竟需要什么样的曝光量，一定要准确地把握好。在对焦框的边上，可以看到一个太阳图标☀，拖动该图标能够精准控制画面的曝光范围，如图 3-18 所示。

图 3-18　调整曝光范围

在实际的拍摄过程中，可以根据当时环境光线来设置曝光参数，确保视频画面的曝光效果。例如，如果画面采用高调处理时比较美观，则可以适当地增加曝光量，让画面看上去有些曝光过度，呈现明快色调；如果想要体现暗淡的画面效果，则可以恰当地减少曝光量，让画面看上去有一些曝光不足，使整体影调效果更加灰暗，如图 3-19 所示。

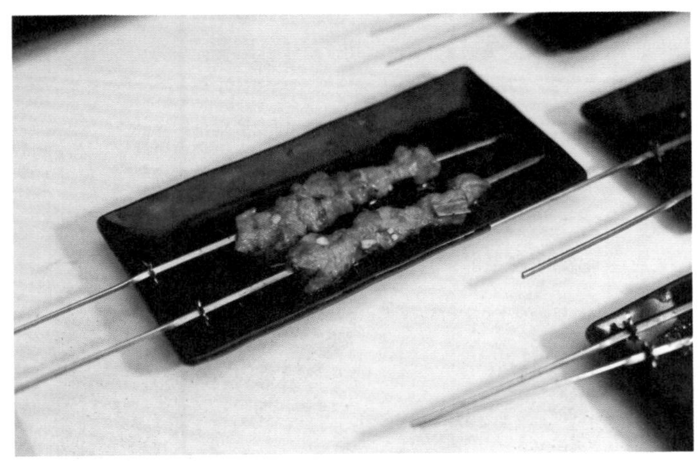

图 3-19　明快的画面效果

专家提醒

很多手机还带有“自动曝光 / 自动对焦锁定”功能，可以在拍摄视频时锁定曝光和对焦，让主体始终保持清晰。例如，苹果手机在拍摄模式下，只需长按屏幕 2s，即可开启“自动曝光 / 自动对焦锁定”功能。

3.2 技巧：快速拍出高质量短视频

一段视频的内容再好，如果画面不够清晰和美观，也会降低视频的质量。本节主要介绍多种短视频拍摄技巧，可以让你拍摄出来的短视频与众不同。

3.2.1 距离：把握拍摄主体的远近

拍摄距离就是指镜头与视频拍摄主体之间的距离。拍摄距离的远近能够在手机镜头像素固定的情况下改变视频画面的清晰度。一般来说，距离镜头越远，视频画面越模糊；距离镜头越近，视频画面越清晰。当然，这个“近”也是有限度的，过分的近距离也会使视频画面因为失焦而变得模糊。

在拍摄视频的时候，有两种方法来控制镜头与视频拍摄主体之间的距离。

第一种是靠手机里自带的变焦功能，将远处的拍摄主体拉近。当被拍摄对象较远或是处于难以到达的位置时，通过手机的变焦功能将远处的对象拉近，就可以顺利进行视频拍摄。在拍摄视频的过程中，采用变焦拍摄的好处就是免去了拍摄者因距离远近而跑来跑去的麻烦，站在同一个地方也可以拍摄到远处的对象。

在手机视频拍摄过程中使用变焦设置，一定要把握好变焦的程度，远处景物会随着焦距的拉近而变得不清晰。所以，为保证视频画面的清晰度，变焦要适度。

第二种是短时间能够到达或者容易到达的地方，可以通过移动机位来达到缩短拍摄距离的效果。图 3-20 所示为采用近距离的方式拍摄的向日葵短视频，不仅主体非常突出，甚至连花蕊上的细节也拍得清清楚楚。

图 3-20 近距离拍摄的向日葵短视频

3.2.2　转场：短视频画面自然切换

场景的转换看似容易，只是将镜头从一个地方移动到另一个地方。然而，在短视频的拍摄中，场景的转换至关重要。它不仅关系到作品中剧情的走向或视频中事物的命运，也关系到短视频的整体视觉感官效果。

如果一段视频中的场景转换十分生硬（除非是特殊的拍摄手法或是导演想要表达特殊的含义之外），会使视频的质量大大降低。场景的转换一定要自然流畅，行云流水、恰到好处的场景转换才能使视频的整体质量大大提升。

手机短视频拍摄中的场景转换，笔者将其分为两种类型来讲解。

一种是在同一个镜头中一段场景与另一段场景的变化。这种场景之间的转换需要自然得体，符合视频内容或故事走向。例如，下面这个短视频（见图 3-21），第一个场景拍摄的是花朵中景的画面；第二个场景则将镜头推进，拍摄花朵的近景。两个场景共同组成了一个植物主题的短视频。

图 3-21　通过两个场景组成一个植物主题的短视频

另一种是一个片段与另一个片段之间的转换。稍微专业一点来说就是转场，转场就是多个镜头之间的画面切换。这种场景效果的变换需要利用手机视频后期处理软件来实现。

具有转场功能的手机视频处理软件非常多，笔者推荐的是剪映 App。下载剪映 App 之后，导入至少两段视频，进入“转场”界面就可以为视频设置转场效果。由于本书第 6 章中有专门讲解添加转场效果的操作方法，就不在这里作过多的介绍了，可以先将软件下载下来自行摸索，以便后面更好地学习转场特效的制作方法。

专家提醒

在拍摄具有故事性的短视频时，一定要注意场景变换给视频故事走向带来的影响。一般来说，场景转换时出现的画面都会带有某种寓意或者象征故事的某个重要环节，所以场景转换时的画面，一定要与整个视频内容有关系。

3.2.3 呼吸：保持均匀避免画面抖动

呼吸能引起胸腔的起伏，在一定程度上能带动上肢，也就是双手的运动，可能会影响视频拍摄的画质。一般来说，呼吸幅度较大时，双臂的运动幅度也会增加。图 3-22 就是在呼吸幅度太大的情况下拍摄的视频画面。

图 3-22　呼吸幅度太大导致视频画面模糊

若能良好地控制呼吸的大小，可以在一定程度上增加视频拍摄的稳定性，从而增强视频画面的清晰度。尤其是在双手举起手机进行拍摄的情况下，这种呼吸带来的反应非常明显。

要想保持平稳、均匀的呼吸，在视频拍摄之前切记不要做剧烈运动，或是等呼吸平稳之后再开始拍摄视频。此外，在拍摄过程中，也要做到“小”“慢”“轻”“匀”，即呼吸声要小，身体动作要慢，呼吸要轻、要均匀。

在呼吸幅度较平稳和较小的情况下，拍摄出来的视频画面就会相对清晰，如图 3-23 所示。另外，如果手机本身就具有防抖功能，一定要开启这个功能，可以在一定程度上使视频画面更稳定。

图 3-23　呼吸均匀时拍摄的视频画面

专家提醒

在视频的拍摄过程中，除了控制呼吸之外，还要注意手部动作以及脚下动作的稳定。身体动作过大或过多，都会使手中的手机发生摇晃。不论摇晃的幅度有多大，只要手机发生摇晃（除特殊的拍摄需要），都会对视频画面产生不良的影响。所以，在拍摄短视频时，一定要注意身体动作与呼吸保持均匀平稳，以保证拍摄效果。

3.2.4　背景：利用虚化拍出景深效果

使用手机拍摄视频时，想要拍摄出背景虚化的效果，就要让焦距尽可能地放大。但焦距若放得太大，视频画面也容易变得模糊，因此，背景虚化的关键点在于拍摄距离、对焦和背景选择。

1. 拍摄距离

如今，大多数手机都采用带有背景虚化功能的大光圈镜头。当主体聚焦清晰时，从该物体前面的一段距离到其后面的一段距离内的所有景物都是模糊的。例如，在1倍焦距下拍摄的花朵视频，花朵主体是清晰的，背景是模糊的，如图 3-24 所示。

图 3-24　在 1 倍焦距下拍摄花朵

再如，在 2 倍焦距下拍摄花朵视频，花朵主体被放大，主体也更加突出，同时背景变得更模糊，如图 3-25 所示。

图 3-25　在 2 倍焦距下拍摄花朵

专家提醒

焦距放得越大，背景画面就会越模糊。在拍摄短视频时，可以根据不同的拍摄场景来设置合适的焦距倍数。

2. 对焦

对焦是指在拍摄短视频时，在手机镜头能对焦的范围内，离拍摄主体越近越好。在屏幕中点击拍摄的主体，即可对焦成功，这样就能拍摄出清晰的主体。具体的对焦方法前面已经介绍了，此处不再赘述。

3. 背景选择

选择好背景，可以使拍摄出来的视频效果更好。在选择背景时，尽量选择干净的背景，让视频画面看上去更简洁。

视频背景的选择，会对整个画面效果产生很大的影响。即使主体选得好，如果背景选得不理想的话，画面的整体效果也会大打折扣。图 3-26 所示为拍摄人物的视频效果，主体清晰，背景颜色统一，画面显得非常简洁。

图 3-26　拍摄人物的视频效果

3.2.5　ND 滤镜：拍出大光圈效果

当用户在室外拍摄短视频时，拍摄现场的光线通常非常明亮，使用普通镜头无法用大光圈进行拍摄，否则画面很容易曝光过度，拍出来的视频会变成全白的画面，因此需要使用一些特殊设备来将光线压暗。

此时，ND 滤镜（Neutral Density Filter，又称减光镜或中灰密度镜）就是一个必不可缺的设备，如图 3-27 所示。

在手机镜头前安装了 ND 滤镜后，可以根据拍摄环境的光线状况来调整明暗，从而防止画面过曝。通过 ND 滤镜将光线压暗后，可以营造出更加柔和的视频画面效果，天空中的云彩也有了动态，如图 3-28 所示。

图 3-27　ND 滤镜

图 3-28　柔和的视频画面效果

3.2.6　升格：拍摄出高级感画面

当某个视频正在拍摄时，手稍微有点抖动，或者是稳定器没有达到想要的预期效果，此时用户可以通过升格镜头的方式，尽量用高帧率进行拍摄，从而让画面更加稳定，而且还会有一种高级感。

通常情况下，视频拍摄的标准帧率为 24fps(帧 / 秒)，升格则是指采用高帧率的方式，如 60fps 或更高，拍摄出流畅的慢动作效果，如图 3-29 所示。也就是说，普通情况下 1 秒钟只有 24 张图，而升格镜头则可以拍出 60 张图或更多，并通过放慢速度让用户看到更加精彩的画面效果。

图 3-29　升格镜头拍摄效果

3.2.7　布光：有效提高画面质量

拍摄短视频时光线十分重要，好的光线布局可以有效提高画面质量。为了避免场景中的光线过于混乱，建议用户使用最少的灯。通常情况下，拍摄短视频时用到的光源包括主光、辅助光、背景光、轮廓光和修饰光等。

（1）主光：主光主要是对被拍摄对象起到照明作用，用来展现其形态轮廓和细节质感。同时，主光的光色还决定了画面的基调。图 3-30 所示为采用窗口的自然光作为主光源拍摄时的画面，此时画面光线呈现暖色调，模特的脸部和衣服等都微微泛黄。

图 3-30　暖色调主光

（2）辅助光：辅助光的主要作用是调整画面的光比，避免画面产生过于强烈的明暗反差。辅助光主要用在画面的暗部，提高这些阴影部分的亮度。例如，很多主播会采用 LED（Light-Emitting Diode，发光二极管，是一种半导体组件）光源来给脸部补光，增强脸部的质感和层次，以更好的形象呈现在用户眼前。

（3）背景光：背景光主要作用于视频画面的背景部分，可以起到烘托视频氛围的作用。

（4）轮廓光：轮廓光的主要作用是展现被拍摄对象的轮廓造型，通常采用逆光或侧逆光，可以展现出被拍摄对象的立体感和空间感。

（5）修饰光：修饰光的主要作用是对被拍摄对象的局部细节部位进行打光，从而展现这些细节之处的质感和特征。

如果光线不清晰，可以手动打光，或用反光板调节。同时，还可以用光线进行艺术创作，如用逆光营造出缥缈、神秘的艺术氛围。

3.3 设备：拍出高质量短视频

在学习了如何使用手机去拍摄短视频后，运营者也可以借助一些工具来辅助拍摄，从而拍出清晰稳定的视频画面。

3.3.1 镜头：满足更多拍摄需求

用户可以在手机上外接各种镜头设备来满足更多的拍摄需求。外接镜头设备主要包括微距镜头、偏振镜头、鱼眼镜头、广角镜头和长焦镜头等，如图 3-31 所示。

图 3-31 手机外接镜头

专家提醒

很多时候，当想要拍清楚一朵花或一只虫子时，只要手机一靠近，画面就变得模糊了，此时就需要使用微距镜头。微距镜头可以将细微物体拍摄得很清晰，即使这些物体的拍摄距离非常近，也可以实现正确对焦，同时拥有更好的背景虚化效果。

3.3.2　稳定器：让随拍酷似电影

随着科技的发展，手机的功能也越来越强大，尤其是在相机摄像功能方面得到了质的提升，让越来越多的人放下了相机拿起了手机。但是，用手机拍摄视频时，需要用手握住手机进行拍摄，容易出现抖动、晃动的问题，毕竟人的手没办法一直保持手机的平衡。这时，手持稳定器就可以起到很好的稳定作用，使用它能够拍摄出具有专业性的视频画面效果。

市面上比较热门的稳定器有智云、飞宇、魔爪和影能星云等。稳定器比手机云台的功能更多，也更加方便。例如，智云 SMOOTH 5 采用全按键设计，功能按键齐全，可以减少触屏次数，真正做到一键操控，实现一键拍摄各种不同场景的视频，智云稳定器可以调节的按键如图 3-32 所示。

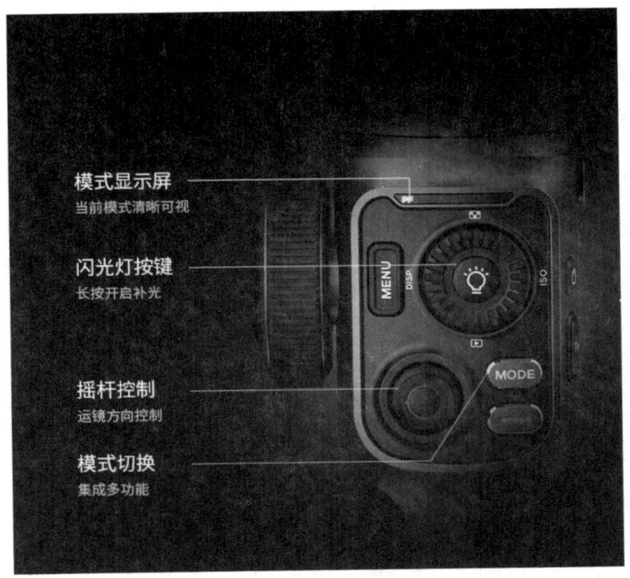

图 3-32　智云稳定器可以调节的按键

稳定器的效果是毋庸置疑的好，图 3-33 为使用智云 SMOOTH 5 拍摄的两只白鹭捕食的视频，视频效果非常清晰。

图 3-33　智云 SMOOTH 5 拍摄白鹭捕食的视频

专家提醒

稳定器在连接手机之后，无须在手机上操作，就能实现自动变焦和视频滤镜切换，对于手机视频拍摄者来说，稳定器是一个很棒的选择。

3.3.3　三脚架：拍出稳定的视频画面

三脚架因三条“腿”而得名，三角形具有稳定性。固然，三脚架的稳定性可见一斑。而手机三脚架，就是用于固定手机的支架。

手机三脚架是给拍摄器材作支撑的辅助器材，作用是在拍摄中稳定拍摄器材。很多接触到拍摄的人都会知道三脚架，但却并没有意识到三脚架的强大功能。

手机三脚架的最大优势就是稳定，在延时摄影和拍摄流水、流云等运动性的事物时，手机三脚架能很好地保持拍摄器材的稳定，获得很好的拍摄效果。图 3-34 为部分手机三脚架实物。

图 3-34　手机三脚架

购买手机三脚架时注意，它主要起到一个稳定手机的作用，所以手机三脚架的基本要求是结实。由于其经常需要被携带，所以手机三脚架又需要具有轻便快捷和随身携带的特点。

那么哪些情景下需要使用手机三脚架呢？下面列举了一些日常需要用到手机三脚架时的场景。

（1）当光线不足，又要保证画面纯净度，不得已使用低感光度、慢快门时，可以利用手机三脚架稳定手机，保持画面稳定性。

（2）当使用手机拍摄视频时，应当使用三脚架进行支撑，消除手抖。

（3）录制视频时，如果手持拍摄，画面一般会晃动或不平，而手机三脚架能保证画面平衡。

专家提醒

在手机短视频的拍摄中，手机三脚架能够很好地保证手机的稳定性。同时大部分手机三脚架具有蓝牙和无线遥控功能，可以解放拍摄者的双手，远距离也能实时操控。

手机三脚架还可以自由调节高度，满足某区间以内不同高度环境的视频拍摄需要。在价格方面，手机三脚架也比手持稳定器便宜，比手机支架要高一点。

3.3.4　遥控：远程控制随时操作

手机遥控快门通常以蓝牙的方式进行连接，打开手机蓝牙，搜索蓝牙设备，手机遥控快门会自动和手机进行配对并连接，蓝牙快门将替代快门键的作用，可以有效减少抖动问题。图 3-35 所示为手机遥控快门的功能按键说明。

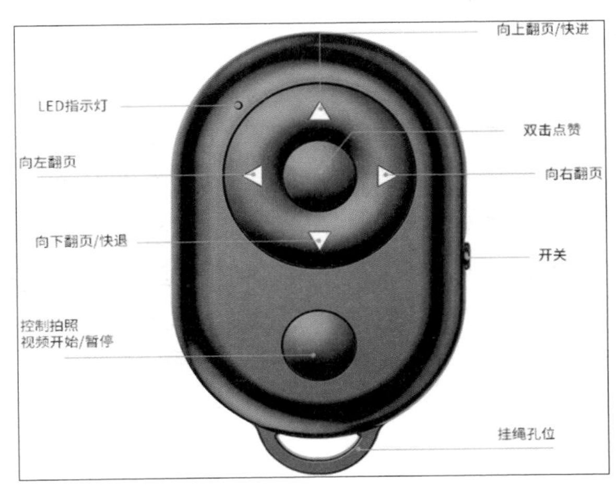

图 3-35　手机遥控快门

手机遥控快门简单、便携、实用、时尚，可以帮助用户更好地进行自拍，以及拍摄一些特殊的视频画面。手机与遥控快门配对后，即开即拍，可以避免手抖、高举双手以及难以对焦等问题。

3.3.5 滑轨：外出摄影摄像助手

小型滑轨也是用手机拍摄视频时可以用到的辅助工具，特别是在拍摄外景、动态场景时，小型滑轨就显得必不可少了，如图 3-36 所示。对于喜欢独自外出拍摄视频的拍摄者来说，如果不想携带很多笨重的设备，那么这种小型滑轨就可以很好地满足需求。

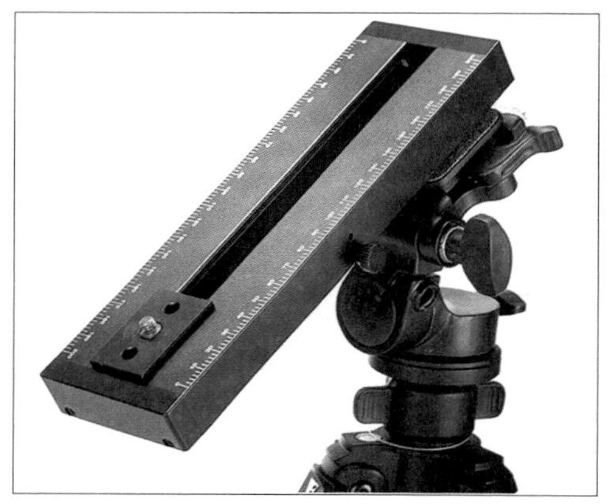

图 3-36　小型滑轨

在使用小型滑轨拍摄短视频时，脚架的选择也相当重要，会直接影响到拍摄的稳定性和流畅性。如果用户选择稳定性不高、重量不足的脚架，滑轨在滑动时会因为底部得不到有效的支撑，而出现画面不稳、不流畅的现象。因此，建议最好选择合适重量的脚架。

3.3.6 灯光：营造拍摄氛围

在室内或者专业摄影棚内拍摄短视频时，通常要保证光感清晰、环境敞亮、可视物品整洁，因此需要有明亮的灯光和干净的背景。光线是获得清晰视频画面的有力保障，不仅能够增强画面氛围，而且还可以利用光线来创作更多有艺术感的短视频作品。下面介绍一些拍摄专业短视频时常用到的灯光设备。

（1）摄影灯箱：摄影灯箱能够带来充足且自然的光线，具体打光方式以实际拍摄环境为准，建议一个顶位，两个低位，适合各种音乐、舞蹈、课程和带货等类型的短视频场景，如图 3-37 所示。

图 3-37　摄影灯箱

（2）顶部射灯：顶部射灯的功率通常为 15~30W，用户可以根据拍摄场景的实际面积和安装位置来选择合适强度和数量的顶部射灯，适合舞台、休闲场所、居家场所、娱乐场所、服装商铺和餐饮店铺等拍摄场景。

（3）美颜面光灯：美颜面光灯通常带有美颜、美瞳和靓肤等功能，光线质感柔和，同时可以随场景自由调整光线亮度和补光角度，拍出不同的光效，适合拍摄彩妆造型、美食试吃、主播直播以及人像视频等场景。

第 4 章
拍摄：视频的构图和镜头

对于短视频来说，即使是相同的场景，也可以采用不同的构图和镜头语言，从而产生不同的画面视觉感受。在拍摄短视频作品时，可以通过适当的构图和镜头语言，展现出独特的画面魅力。

4.1　构图：让短视频更具美感

构图是指通过安排各种物体和元素，来实现一个主次关系分明的画面效果。在拍摄短视频场景时，可以通过适当的构图方式，将自己的主题思想和创作意图形象化和可视化地展现出来，从而创造出更出色的视频画面效果。本节将介绍短视频的十大构图方式，帮助运营者轻松拍出优质的短视频。

4.1.1　黄金分割构图：自然、舒适、赏心悦目

黄金分割构图是以 1 ：1.618 这个黄金比例作为基本理论，包括多种形式，可以让视频画面更自然、舒适、赏心悦目，更能吸引用户的眼球。图 4-1 所示为采用黄金分割构图拍摄的视频画面，让用户的视线焦点瞬间聚集到蜻蜓主体上。

图 4-1　采用黄金分割构图拍摄的视频画面

专家提醒

黄金分割线是在九宫格的基础上，将所有线条都按 3 ：2 ：3 的比例进行分割，即分成 3/8、2/8、3/8 三条线段，它们的交叉点就是黄金比例点，是画面的视觉中心。在拍摄视频时，可以将要表达的主体放置在黄金比例点上，达到突出画面主体的目的。

黄金分割线还有一种特殊的表达方法，那就是黄金螺旋线，它是根据斐波那契数列画出来的螺旋曲线，是自然界最完美的经典黄金比例。图 4-2 所示为采用黄金螺旋线构图拍摄的蜻蜓飞舞视频，可以让画面更耐看、更精致。

很多手机相机都自带了黄金螺旋线构图辅助线，在拍摄时可以直接打开该功能，

将螺旋曲线的焦点对准主体即可，然后再切换至视频模式拍摄。

图 4-2　采用黄金螺旋线构图拍摄的视频示例

4.1.2　九宫格构图：突出主体、均衡画面

九宫格构图又叫井字形构图，是指用横竖各两条直线将画面等分为 9 个空间。这种构图不仅能够突出主体，均衡画面，而且可以让画面更加符合人们的视觉习惯。图 4-3 所示为将人物的头部安排在九宫格左上角的交叉点附近，人物的面部神态更加突出。

图 4-3　采用九宫格构图拍摄的视频画面

专家提醒

使用九宫格构图拍摄视频时，不仅可以将主体放在 4 个交叉点上，也可以将其放在 9 个空间格内，从而使主体非常自然地成为画面的视觉中心。

4.1.3　水平线构图：让画面显得更加稳定

水平线构图就是以一条水平线进行构图取景，给人带来辽阔和平静的视觉感受。水平线构图前期需要多看、多琢磨，寻找一个好的拍摄地点进行拍摄。水平线构图方式对于拍摄者的画面感有着比较高的要求，看似最为简单的构图方式，实际上常常要花费非常多的时间才能拍摄出一个好的视频作品。

图 4-4 所示为采用水平线构图拍摄的短视频，用水平线分割整个画面，可以让画面达到平衡，体现出不一样的视觉感受。

图 4-4　采用水平线构图拍摄的视频画面

对于水平线构图，最重要的就是寻找水平线或者与水平线平行的直线。

图 4-5 所示为直接利用水平线进行拍摄的视频。

图 4-5　利用水平线进行拍摄的视频画面

利用与水平线平行的线进行构图，如地平线，如图 4-6 所示。

图 4-6　利用地平线进行拍摄的视频画面

4.1.4　三分线构图：符合人眼的观看习惯

三分线构图是指将画面从横向或纵向分为三部分，将要表达的主体放在三分线的某一位置上进行构图取景，让主体更加突出，画面更加美观。

三分线构图的拍摄方法十分简单，只需要将视频拍摄主体放置在拍摄画面的横向或者纵向三分之一处即可。图 4-7 所示为采用下三分线构图拍摄的视频画面，其中上面三分之二为天空和胡杨林，下面三分之一为水面。

图 4-7　采用下三分线构图拍摄的视频画面

采用三分线构图法拍摄短视频最大的优点就是将主体放在偏离画面中心的三分之一位置，使画面不至于太枯燥或呆板，还能突出视频的拍摄主题，画面紧凑有力。图 4-8 所示为采用上三分线构图拍摄的视频画面，其中以河岸线为分界线，下方水面约占整个画面的三分之二，天空与岸上风光约占画面的三分之一，这样的构图可以使画面看起来更加舒适，具有美感。

图 4-8　采用上三分线构图拍摄的视频画面

4.1.5　斜线构图：具有很强的视线导向性

斜线构图主要利用画面中的斜线引导用户的目光，同时能够展现物体的运动、变化以及透视规律，可以让视频画面更有活力感和节奏感。图 4-9 所示为利用熊猫雕像的斜线来进行构图，分割主体与背景，让视频画面更具层次感。

图 4-9　采用斜线构图拍摄的视频画面

斜线的纵向延伸可增强画面深远的透视效果，而斜线的不稳定性则可以使画面富有新意，带来独特的视觉效果。

在拍摄短视频时，想要取得斜线构图效果也不是难事。一般来说，利用斜线构图拍摄视频主要有以下两种方法。

第一种是利用视频拍摄主体本身具有的线条构成斜线。图 4-10 所示为从高处取景拍摄的车流延时短视频，可以看到高架桥在画面中形成了一条斜线，让整个视频画面更有活力。

图 4-10 利用视频拍摄主体本身具有的线条构成斜线

第二种是利用周围环境为视频拍摄主体构成斜线。图 4-11 所示为利用场景构成斜线拍摄的视频画面，主体是人物。但单独拍摄人物未免太过单调，于是就利用围墙和木栈道来构成斜线，让视频画面更丰富。

图 4-11 利用周围环境为视频拍摄主体构成斜线

图 4-11　利用周围环境为视频拍摄主体构成斜线（续）

4.1.6　中心构图：使主体更为突出、明确

中心构图是指将拍摄主体放置在视频画面的中心进行拍摄。其最大的优点在于主体突出、明确，而且画面可以达到上下左右平衡的效果，更容易抓人眼球。

图 4-12 所示为采用中心构图拍摄的视频画面，其构图形式非常精练，在拍摄的过程中始终将人物头部放在画面中间，用户的视线会自然而然地集中到主体上，让拍摄者想表达的内容一目了然。

图 4-12　采用中心构图拍摄的视频画面

4.1.7　对称构图：平衡、稳定、相互呼应

对称构图是指画面中心有一条线把画面分为对称的两份，可以是上下对称，也可以是左右对称，还可以是斜向对称。这种对称画面会给人一种平衡、稳定、和谐的视觉感受。

图 4-13 所示为采用左右对称构图拍摄的视频画面。画面中以古桥长廊中心为垂直对称轴，画面左右两侧的元素对称排列。拍摄这种视频画面时，注意要横平竖直，尽量不要倾斜。

图 4-13　采用左右对称构图拍摄的视频画面

图 4-14 所示为采用上下对称构图拍摄的视频画面。画面中以地面与水面的交界线为水平对称轴，水面清晰地反射了上方的景物，形成上下对称构图，让视频画面的布局更为平衡。

图 4-14　采用上下对称构图拍摄的视频画面

4.1.8 框式构图：被框后主角才会更显眼

框式构图也叫作框架式构图，也有人称为窗式构图或隧道构图。框式构图的特征是借助某个框式图形来构图，而这个框式图形，可以是规则的，也可以是不规则的；可以是方形的，也可以是圆的，甚至可以是多边形的。

框式构图的重点是利用主体周边的物体构成一个边框，可以达到突出主体的效果。框式构图主要是通过门窗等作为前景形成框架，透过门窗框的范围引导用户的视线移到被拍摄对象上，使视频画面的层次感得到增强，同时具有更多的趣味性，形成不一样的画面效果。

想要拍摄框式构图的视频画面，就要寻找能够作为框架的物体。这就需要在日常生活中仔细观察，留心身边的事物。图 4-15 所示为利用相机的屏幕作为框架进行构图取景，能够增强视频画面的纵深感。

图 4-15　框式构图拍摄的视频画面

专家提醒

框式构图其实还有一层更高级的玩法，读者可以尝试一下，就是逆向思维，通过对象来突出框架本身的美，这里的意思是指将对象作为辅体，框架作为主体。

4.1.9　透视构图：由近及远形成的延伸感

透视构图是指视频画面中的某一条线或某几条线，由近及远形成延伸感，能使用户的视线沿着视频画面中的线条汇聚成一点。

透视构图在短视频的拍摄中，可以分为单边透视和双边透视。单边透视是指视频画面中只有一边带有由近及远形成延伸感的线条，能增强视频拍摄主体的立体感；双边透视则是指视频画面两边都带有由近及远形成延伸感的线条，能很好地汇聚用户的视线，使视频画面更具有动感，如图 4-16 所示。

图 4-16　双边透视构图拍摄的视频画面

专家提醒

透视构图本身就有“近大远小”的规律，这些透视线条能让用户的眼睛沿着线条指向的方向看去，有引导用户视线的作用。拍摄透视构图的关键所在，自然是找到有透视特征的事物，比如由近到远的马路、围栏或走廊等。

4.1.10 几何形态构图：让画面更具形式美感

几何形态构图主要是利用画面中的各种元素组合成一些几何形状，如矩形、圆形、三角形和方形等，让作品更具形式美感。

1. 矩形构图

矩形在生活中比较常见，如建筑的外形、墙面、门框、窗框、画框和桌面等。矩形是一种非常简单的画框分割形态，用矩形构图能够让画面呈现出静止和正式的视觉效果。图 4-17 所示为利用古戏台建筑上的矩形结构来构图取景，可以让视频画面更加中规中矩、四平八稳。

图 4-17　矩形构图视频画面

2. 圆形构图

圆形构图主要是利用拍摄环境中的正圆形、椭圆形或不规则圆形等物体来取景，可以给用户带来旋转、运动、团结一致和收缩的视觉美感，同时还能够产生强烈的向心力。圆形构图最大的优点是能够突出视频画面的重点，可以让用户很快地捕捉到画面的主体。

图 4-18 所示为圆形构图视频画面，它采用了墙窗的圆形结构进行构图，非常适合拍摄这种恬静、舒缓的人像短视频作品，能够让画面看上去更加优美、柔和，还可以起到引导用户视线的作用。

图 4-18　圆形构图视频画面

3. 三角形构图

三角形构图主要是指在视频画面中的 3 个视觉中心，或是用 3 个点安排景物构成一个三角形,这样拍摄的画面极具稳定性。三角形构图包括正三角形（坚强、踏实），斜三角形（安定、均衡、灵活性）或倒三角形（明快、紧张感、有张力）等不同形式。

图 4-19 所示为三角形构图视频画面，视频画面中人物的坐姿让身体在画面中刚好形成了一个三角形，在创造平衡感的同时还能够为视频画面增添更多动感。需要注意的是，这种三角形构图法一定要自然，仿佛构图和视频融为一体，而不是刻意为之。

图 4-19　三角形构图视频画面

4.2　镜头：短视频的画面表达

在掌握构图技巧的基础上，也要学会运用镜头来表达画面。镜头语言是短视频内容表达最直观的方式。那么，该如何运用镜头表达呢？本节将介绍 8 种镜头语言的表达，帮助运营者拍摄合理的短视频镜头。

4.2.1　固定镜头：固定机位拍摄

短视频的拍摄镜头包括两种常用类型，分别为固定镜头和运动镜头。固定镜头是指在拍摄短视频时镜头的机位、光轴和焦距等都保持固定不变的一种拍摄方法。它适合拍摄画面中有运动变化的对象，如车水马龙和日出日落等画面。需要注意的是，如果不借助任何工具，直接手持拍摄固定镜头，画面很容易模糊或者抖动，因此可以借助一些拍摄工具固定手机镜头，来保持视频画面的稳定。

图 4-20 所示为使用手机拍摄的固定镜头。利用三脚架固定手机拍摄的流云视频，能够将天空中的云卷云舒画面完整地记录下来。

图 4-20　使用固定镜头拍摄云卷云舒的视频画面

4.2.2　运动镜头：移动机位拍摄

运动镜头是在拍摄短视频时会不断地调整镜头的位置与角度的一种拍摄方法，也可以称为移动镜头。因此，在拍摄形式上，运动镜头要比固定镜头更加多样化。在拍摄短视频时可以熟练使用这些运镜方式，更好地突出画面细节和要表达的主体内容，从而吸引更多的用户关注你的作品。

1. 跟随镜头

跟随镜头是指镜头一直跟随拍摄对象的运动而运动，拍摄期间镜头始终与拍摄对象的运动保持一致的拍摄方法。图 4-21 所示为使用手机相机运用跟随运镜的方式拍摄的人物行走的视频，随着人物行走的方向镜头也跟着移动。

图 4-21　使用跟随镜头拍摄的视频画面

运镜方式就是镜头的运动方式。不同的运镜方式拍摄出来的同一对象，效果也会呈现出较大的差异。因此，在策划脚本时，运营者需要了解常用的运镜技巧，并为短视频选择合适的运镜方式。

2. 推拉运镜

推拉运镜是指将手机固定在滑轨和稳定器上，并通过推进或拉远镜头来调整镜头与被拍摄物体之间的距离的拍摄方法。图 4-22 所示为使用手机相机运用推拉运镜的方式拍摄的视频。这个短视频中，先是拍摄了一个近景，接下来推进镜头，让

景别变成了特写。在此过程中，使用的就是推镜头。

图 4-22　使用推拉运镜拍摄的视频画面

3. 摇镜头

摇镜头是指从左向右摇动手机来进行拍摄的方法。这种运镜方式常用于拍摄的主体范围比较大时逐步对拍摄主体进行呈现，或者当拍摄的主体移动时跟踪拍摄主体，让拍摄主体出现在镜头的画面中，如图 4-23 所示。

图 4-23 使用摇镜头拍摄的视频画面

4. 升降运镜

升降运镜是指将手机固定在摇臂上，让手机镜头在竖直方向上进行运动的拍摄方法。图 4-24 所示为拍摄天空的一个短视频。该短视频中，先是拍摄望向天空的人，以及天地交接处的一棵树和被树挡住的太阳，接着画面缓缓向上拍摄天空，这使用的就是升镜头。

图 4-24　使用升镜头拍摄的视频画面

4.2.3　镜头角度：用好就能出大片

在使用运镜手法拍摄短视频前，用户首先要掌握各种镜头角度。例如，平角、斜角、仰角和俯角等，熟悉镜头角度后能够让你在运镜时更加得心应手。

（1）平角：镜头与拍摄对象保持水平方向上的一致，镜头光轴与对象（中心点）齐高，能够更客观地展现拍摄对象的原貌，如图 4-25 所示。

图 4-25　使用平角镜头拍摄的视频画面

（2）斜角：在拍摄时将镜头倾斜一定的角度，从而产生一种透视变形的画面失调感，能够让视频画面显得更加立体，如图 4-26 所示。

图 4-26　使用斜角镜头拍摄的视频画面

（3）仰角：采用低机位仰视的拍摄角度，能够让拍摄对象显得更加高大，同时可以让视频画面更有代入感，如图 4-27 所示。

图 4-27　使用仰角镜头拍摄的视频画面

（4）俯角：采用高机位俯视的拍摄角度，能够让拍摄对象看上去更加矮小，适合拍摄建筑、街景、人物、风光、美食或花卉等题材，充分展示主体的全貌。图 4-28 所示为用俯角镜头拍摄的人物短视频，不仅显得人物的脸部更瘦，还更容易传递画面的情感。

图 4-28　使用俯角镜头拍摄的视频画面

图 4-28　使用俯角镜头拍摄的视频画面（续）

4.2.4　远景镜头：重点展现环境

镜头景别是指镜头与拍摄对象的距离。比如远景镜头，这种镜头景别的视角非常大，适合拍摄城市、山区、河流、沙漠或大海等户外类短视频题材。它尤其适合用于片头部分，能够将主体所处的环境完全展现出来，如图 4-29 所示。

图 4-29　使用远景镜头拍摄的视频画面

4.2.5　中景镜头：从膝盖至头顶

中景镜头所拍摄的部分是从人物的膝盖以上至头顶，不但可以充分展现人物的面部表情、发型发色和视线方向，同时还可以兼顾人物的手部动作，如图 4-30 所示。

图 4-30　使用中景镜头拍摄的视频画面

4.2.6　中近景镜头：从胸部至头顶

中近景镜头主要是将镜头下方的取景边界线卡在人物的胸部位置以上，重点用来刻画人物的面部特征。例如，表情、妆容、发型、视线和嘴部动作等。而对于人物的肢体动作和所处的环境基本可以忽略，如图 4-31 所示。

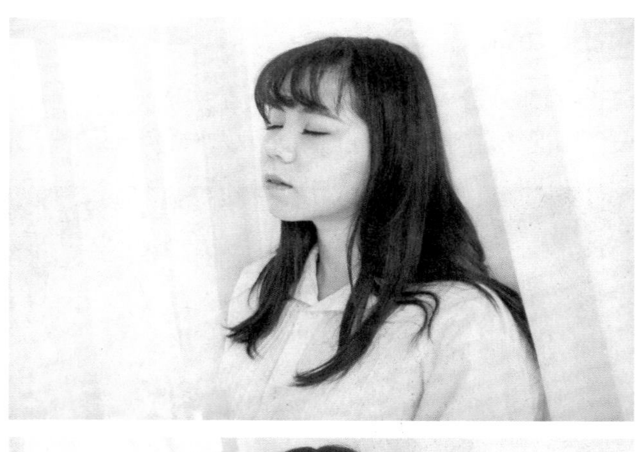

图 4-31　使用中近景镜头拍摄的视频画面

4.2.7　特写镜头：着重刻画细节

特写镜头主要着重刻画主体的细节之处，如图 4-32 所示。特写镜头可以更好地展现主体的细节。

图 4-32　使用特写镜头拍摄的视频画面

图 4-32　使用特写镜头拍摄的视频画面（续）

4.2.8　极特写镜头：刻画局部细节

极特写镜头是一种纯细节的景别形式，也就是说，在拍摄时将镜头只对准物体的局部，如图 4-33 所示。

图 4-33　使用极特写镜头拍摄的视频画面

剪　辑　篇

第 5 章
后期：视频剪辑轻松上手

剪映 App 是当下一款非常热门的视频剪辑软件。有了这款软件，手机里的各种视频都能轻松剪辑和制作。本章主要介绍剪映 App 的基础操作，帮助运营者尽快掌握剪映 App 的操作方法。

5.1　基础：认识剪映 App 的工作界面

剪映 App 是抖音官方推出的一款手机视频剪辑应用，拥有全面的剪辑功能，支持剪辑、缩放视频轨道等功能，拥有丰富的曲库资源和视频素材资源。本节将介绍认识剪映 App 的工作界面。

5.1.1　特点：了解剪映 App 的界面特点

在手机屏幕上点击“剪映”图标，打开剪映 App，如图 5-1 所示。进入剪映主界面，点击“开始创作”按钮，如图 5-2 所示。

图 5-1　点击“剪映”图标

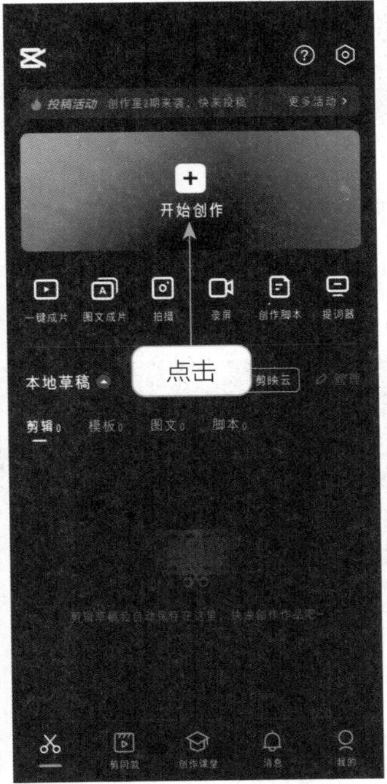

图 5-2　点击“开始创作”按钮

扫码看教学视频

执行操作后，进入“照片视频”界面，❶ 在“视频”选项区中选择相应的素材；❷ 选中“高清”单选按钮；❸ 点击“添加”按钮，如图 5-3 所示，即可将选择的素材添加到编辑界面中的视频轨道中。同理，在剪映 App 中还可以导入照片素材，在“照片”选项区中添加照片即可。

进入编辑界面，可以看到该界面由预览区域、时间线区域和工具栏区域 3 个部分组成，如图 5-4 所示。

图 5-3　点击“添加”按钮

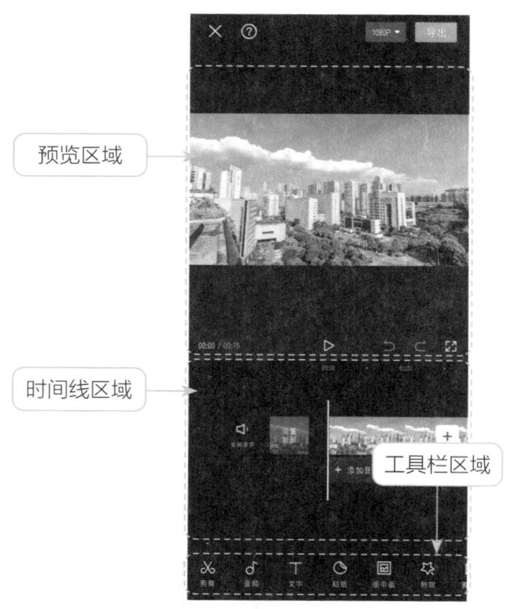

图 5-4　编辑界面的组成

预览区域左下角的时间，表示视频当前的时长和总时长。点击预览区域的“全屏”按钮，可全屏预览视频效果；点击按钮，即可播放视频；点击按钮，即可回到编辑界面中，如图 5-5 所示。

图 5-5　全屏预览视频效果

5.1.2　工具：了解剪映 App 的基本工具

剪映 App 的所有剪辑工具都在底部，非常方便快捷。在工具栏区域中，不进行任何操作时，可以看到剪映 App 的一级工具栏，其中包括剪辑、音频、文字等功能，如图 5-6 所示。

扫码看教学视频

图 5-6　一级工具栏

点击其中任一按钮，即可进入相对应的二级工具栏。例如，点击“剪辑”按钮，就能进入剪辑二级工具栏，如图 5-7 所示；点击“音频”按钮，就能进入音频二级工具栏，如图 5-8 所示。

图 5-7　剪辑二级工具栏

图 5-8　音频二级工具栏

5.2 操作：掌握基本的剪辑操作

在上一小节认识了剪映 App 的工作界面，对剪映 App 这款软件有了一个初步的了解，下面就开始学习如何运用剪映 App 来剪辑视频。本节首先从最基本的剪辑操作出发，让新手也能大展拳脚。

5.2.1 剪辑：缩放轨道进行精细处理

扫码看教学视频

在时间线区域中有一条白色的垂直线，叫作时间轴，上面显示时间刻度，可以在时间线上任意滑动视频。在时间线区域中可以看到视频轨道和音频轨道，还可以添加文字轨道，如图 5-9 所示。

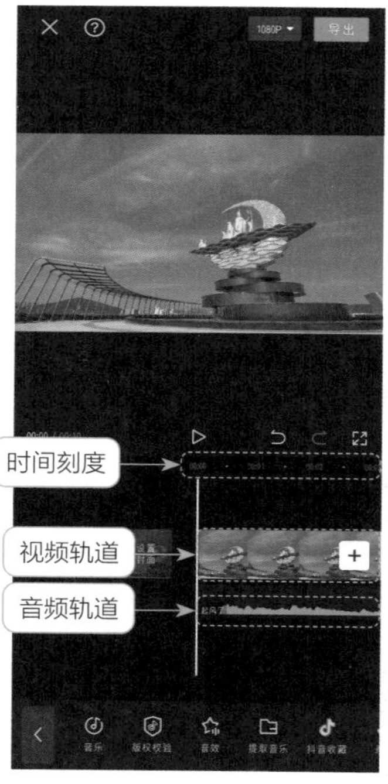

图 5-9　时间线区域

用双指把这些轨道向中间聚拢，可以缩小时间线，如图 5-10 所示；向两边拉开，则可以放大时间线，如图 5-11 所示。

图 5-10　缩小时间线

图 5-11　放大时间线

5.2.2　逐帧剪辑截取所需素材

在剪映 App 中除了能对视频素材进行粗剪外，还能对视频的每一帧做精细剪辑。在剪映 App 中导入三段素材，如图 5-12 所示。

扫码看教学视频

如果导入的素材位置不对，运营者可以选中并长按需要更换位置的素材，所有的素材便会变成小方块，如图 5-13 所示。

图 5-12　导入素材

图 5-13　长按素材

变成小方块后，即可将视频素材移动到合适的位置，如图 5-14 所示。移动到合适的位置后，松开手指即可成功调整素材的位置，如图 5-15 所示。

图 5-14 移动素材

图 5-15 调整的位置

如果想要对视频进行更加精细的剪辑，只需放大时间线，如图 5-16 所示。在时间刻度上，可以看到显示最高剪辑精度为 5f（帧）画面，如图 5-17 所示。

虽然时间刻度上显示最高的精度是 5f（帧）画面，但是可以在大于 5f（帧）的位置上分割，也可以在大于 2f（帧）且小于 5f（帧）的位置上进行分割，如图 5-18 所示。

图 5-16 放大时间线

图 5-17 显示最高剪辑精度

图 5-18 分割素材

专家提醒

时间线区域中的时间刻度与预览区域中显示的时间有细微的差距。比如，预览区域中显示的时间是 00:01，而时间线区域中的时间轴并不是只在 00:01 这个位置点上，而是在 00:01~00:02 之间的位置上。

5.2.3　分割、复制、删除和编辑素材

扫码看教学视频

了解了剪映 App 的基础工具和基本操作，就可以对视频进行简单的处理了。下面介绍在剪映 App 中进行分割、复制、删除和编辑素材的具体操作方法。

步骤 01 ❶ 在剪映 App 中导入一段视频素材，❷ 拖动时间轴至视频 1s 的位置；❸ 在剪辑二级工具栏中点击“分割”按钮，把视频分割为两段，如图 5-19 所示。

步骤 02 ❶ 拖动时间轴至视频 3s 的位置；❷ 在剪辑二级工具栏中点击“分割”按钮，把视频分割为三段，如图 5-20 所示。

图 5-19　点击“分割”按钮

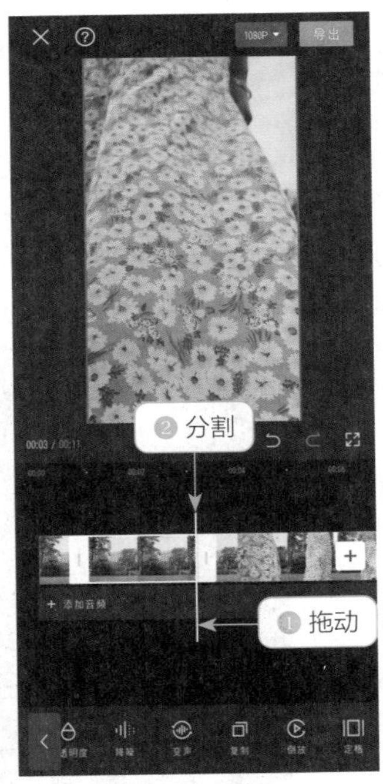

图 5-20　分割素材

步骤 03 ❶ 选择第二段素材；❷ 在剪辑二级工具栏中点击“复制”按钮，如图 5-21 所示，即可复制所选的视频素材。

步骤 04 ❶ 选择复制后的素材；❷ 在剪辑二级工具栏中点击“删除”按钮，

如图 5-22 所示，即可删除素材。

图 5-21　点击“复制”按钮

图 5-22　点击“删除”按钮

步骤 05 ❶ 选择第三段素材；❷ 在剪辑二级工具栏中点击“编辑”按钮，如图 5-23 所示。

步骤 06 进入编辑工具栏，如图 5-24 所示，可以看到“旋转”“镜像”和“裁剪”按钮。它可以对素材进行旋转操作，改变素材的画面角度；也可以对素材进行镜像处理，对视频画面进行翻转；还可以对素材进行裁剪操作，裁剪并留取视频中想要的画面，甚至改变视频的画面大小。

图 5-23　点击“编辑”按钮

图 5-24　进入编辑工具栏

5.2.4　替换素材——《Vlog 片头》

【效果展示】剪映 App 里的“素材库”选项卡中有很多类型多样的视频素材，用户可以替换倒计时片头，让视频更加丰富有趣，效果如图 5-25 所示。

扫码看教学视频

图 5-25 《Vlog 片头》的效果展示

下面介绍在剪映 App 中替换素材的具体操作方法。

步骤 01 在剪映 App 中导入素材，❶ 选择视频素材；❷ 拖动时间轴至视频 2s 的位置；❸ 在剪辑二级工具栏中点击“分割”按钮，对素材进行分割，如图 5-26 所示。

步骤 02 ❶ 选择第一段视频素材；❷ 在剪辑二级工具栏中点击“复制”按钮，复制素材，如图 5-27 所示。

图 5-26　点击“分割”按钮

图 5-27　点击“复制”按钮

步骤 03 ❶选择第一段视频素材；❷在剪辑二级工具栏中点击“替换”按钮，如图 5-28 所示。

步骤 04 ❶执行操作后，切换至“素材库”选项卡；❷在“片头”选项卡中选择合适的素材，如图 5-29 所示。

图 5-28 点击“替换”按钮

图 5-29 选择合适的素材

步骤 05 执行操作后即可预览素材，点击“确认”按钮即可替换片头素材，如图 5-30 所示。

步骤 06 返回到主界面，在一级工具栏中点击“音频”按钮，如图 5-31 所示。

图 5-30 点击“确认”按钮

图 5-31 点击“音频”按钮

步骤 07 进入音频二级工具栏，点击“音乐”按钮，如图 5-32 所示。

步骤 08 进入“添加音乐”界面，❶ 切换至“收藏”选项卡；❷ 点击相应音乐右侧的“使用”按钮，即可将音乐添加到音频轨道中，如图 5-33 所示。

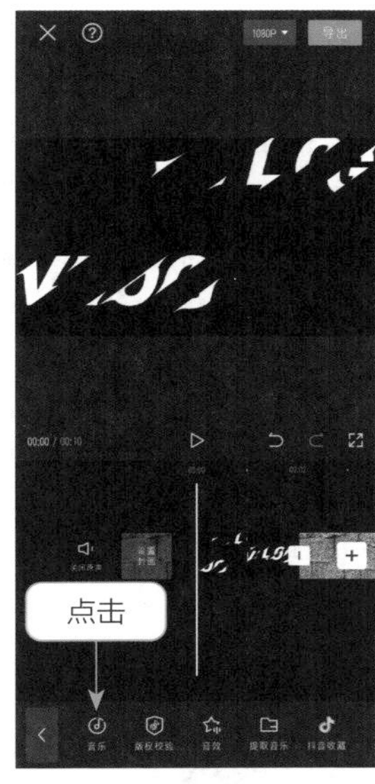

图 5-32　点击“音乐”按钮

图 5-33　点击“使用”按钮

步骤 09 ❶ 拖动时间轴至视频的结束位置；❷ 选择音频轨道；❸ 在工具栏中点击“分割”按钮，对音频素材进行分割，如图 5-34 所示。

步骤 10 点击“删除”按钮，删除多余的音乐，如图 5-35 所示。

图 5-34　点击“分割”按钮

图 5-35　点击“删除”按钮

5.3 添加文字效果

为视频添加合适的文字效果不仅可以丰富视频画面，而且还具有对视频进行一定的解释说明的作用。在剪映 App 中为视频添加文字效果的方式有很多，既可以输入文字，自定义设置文字效果；也可以套用文字模板；还可以采用识别字幕和识别歌词的方式。本节介绍如何添加文字效果，从而制作出好看的文字效果。

5.3.1 添加文字——《野餐聚会》

扫码看教学视频

【效果展示】根据视频画面展示的内容即可为视频添加文字，还可以为文字设置字体、添加动画等，让文字更加生动。效果如图 5-36 所示。

图 5-36 《野餐聚会》的效果展示

下面介绍在剪映 App 中添加文字的具体操作方法。

步骤 01 在剪映 App 中导入一段视频素材，在一级工具栏中点击“文字”按钮，如图 5-37 所示。

步骤 02 进入文字二级工具栏，点击“新建文本”按钮，如图 5-38 所示。

图 5-37　点击“文字”按钮

图 5-38　点击“新建文本”按钮

步骤 03 ❶ 在输入框中输入相应的文字内容；❷ 在“字体”选项卡中选择合适的文字字体，如图 5-39 所示。

步骤 04 ❶ 切换至“样式”选项卡；❷ 选择合适的文字样式，如图 5-40 所示。

图 5-39　选择合适的文字字体

图 5-40　选择合适的文字样式

步骤 05 ❶ 切换至“动画”选项卡；❷ 在“入场动画”选项区中选择“晕开”入场动画效果，如图 5-41 所示。

步骤 06 ❶ 切换至“出场动画”选项区；❷ 选择“晕开”出场动画效果，如图 5-42 所示。

图 5-41 选择“晕开”入场动画效果

图 5-42 选择“晕开”出场动画效果

5.3.2 识别字幕——《摇曳碧云斜》

扫码看教学视频

【效果展示】在剪映 App 中可以通过“识别字幕”功能把视频中的语音识别成字幕，后期再给文字添加一些文字效果即可，如图 5-43 所示。

图 5-43 《摇曳碧云斜》的效果展示

下面介绍在剪映 App 中识别字幕的具体操作方法。

步骤 01 在剪映 App 中导入一段视频素材，在一级工具栏中点击“文字”按钮，如图 5-44 所示。

步骤 02 在文字二级工具栏中点击“识别字幕”按钮，如图 5-45 所示。

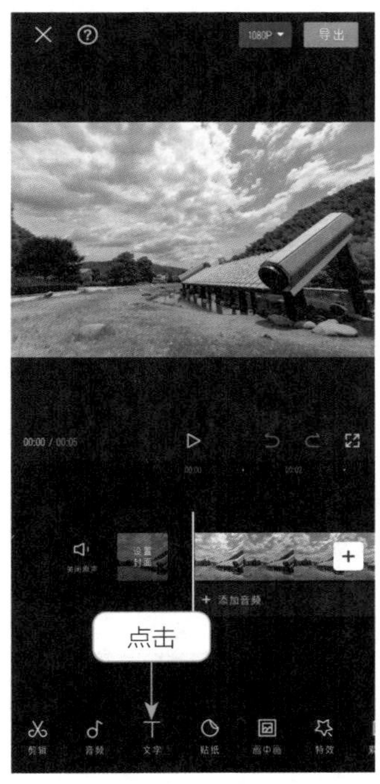

图 5-44　点击“文字”按钮

图 5-45　点击“识别字幕”按钮

步骤 03 执行操作后，进入“识别字幕”界面，可以看到“识别类型”选项区中默认选择的是“全部”选项，点击“开始识别”按钮，如图 5-46 所示。

步骤 04 执行操作后系统会自动识别字幕，识别完成后，在文字轨道中会生成相应的字幕，在三级工具栏中点击“批量编辑”按钮，如图 5-47 所示。

步骤 05 进入相应的界面，选择第一段字幕，如图 5-48 所示。

步骤 06 ❶ 在“字体”选项卡中选择合适的字体；❷ 修改输入框中识别有误的文字，如图 5-49 所示。

步骤 07 在“样式”选项卡中选择合适的样式，如图 5-50 所示。

步骤 08 在“排列”选项区中设置“字间距”为 6，如图 5-51 所示。

步骤 09 在文字轨道中调整第三段字幕的时长，如图 5-52 所示。

图 5-46　点击“开始识别”按钮

图 5-47　点击“批量编辑”按钮

图 5-48　选择第一段字幕

图 5-49　修改文字

图 5-50　选择合适的样式

图 5-51　设置字间距

图 5-52　调整第三段字幕的时长

5.3.3　识别歌词——《卡拉 OK 歌词》

【效果展示】在剪映 App 中也能制作 KTV 版本的卡拉 OK 歌词字幕，方法非常简单，只要准备好有中文歌词的音乐视频即可，效果如图 5-53 所示。

扫码看教学视频

图 5-53 《卡拉 OK 歌词》的效果展示

下面介绍在剪映 App 中识别歌词的具体操作方法。

步骤 01 在剪映 App 中导入一段视频素材，在一级工具栏中点击“文字”按钮，如图 5-54 所示。

步骤 02 在文字二级工具栏中点击“识别歌词”按钮，如图 5-55 所示。

图 5-54　点击“文字”按钮

图 5-55　点击“识别歌词”按钮

步骤 03 进入“识别歌词”界面，点击“开始识别”按钮，如图 5-56 所示。

步骤 04 执行操作后，系统会自动识别视频中的歌词，识别完成后，在文字轨道中会自动生成歌词字幕，❶ 选择第一段歌词字幕；❷ 在工具栏中点击“动画”按钮，如图 5-57 所示。

图 5-56　点击“开始识别”按钮

图 5-57　点击“动画”按钮

步骤 05 ❶ 在“入场动画”选项区中选择“卡拉 OK”入场动画效果；❷ 拖动蓝色箭头滑块，设置动画时长为最长；❸ 修改字幕颜色，如图 5-58 所示。

步骤 06 点击✓按钮返回到上一界面，❶ 选择第二段歌词字幕；❷ 拖动右侧的白色拉杆，调整字幕时长，使其与视频时长一致，如图 5-59 所示。

步骤 07 使用与步骤 05 相同的方法，❶ 为第二段歌词字幕添加“入场动画”选项区中的“卡拉 OK”入场动画效果；❷ 拖动蓝色箭头滑块，设置动画时长为最长；❸ 修改字幕颜色，如图 5-60 所示。

图 5-58　修改字幕颜色（1）

图 5-59　调整字幕时长

图 5-60　修改字幕颜色（2）

5.3.4　花样字幕——《你慢慢走远》

【效果展示】剪映 App 里有很多花字样式，而且颜色非常醒目。通过添加花字制作的花样字幕非常吸睛，效果如图 5-61 所示。

扫码看教学视频

图 5-61 《你慢慢走远》的效果展示

下面介绍在剪映 App 中添加花样字幕的具体操作方法。

步骤 01 在剪映 App 中导入一段视频素材，在一级工具栏中点击“文字”按钮，如图 5-62 所示。

步骤 02 在文字二级工具栏中点击“新建文本”按钮，如图 5-63 所示。

图 5-62　点击“文字”按钮　　图 5-63　点击“新建文本”按钮

步骤 03 ❶ 输入文字内容；❷ 在“字体”选项卡中选择合适的字体；❸ 在预览区域调整文字的位置，如图 5-64 所示。

步骤 04 ❶ 切换至“花字”选项卡；❷ 选择合适的花字样式，如图 5-65 所示。

图 5-64　调整文字位置

图 5-65　选择合适的花字样式

步骤 05 ❶ 切换至“动画”选项卡；❷ 在“入场动画”选项区中选择“逐字显影”动画；❸ 设置动画时长为 1s，如图 5-66 所示。

步骤 06 ❶ 切换至“出场动画”选项区；❷ 选择“渐隐”动画，如图 5-67 所示。

步骤 07 在文字轨道中调整文字的时长，使其与视频的时长一致，如图 5-68 所示。

图 5-66　选择“逐字显影”动画

图 5-67　选择“渐隐”动画

图 5-68　调整文字时长

5.4　添加音频效果

音乐在视频中具有十分重要的作用，如果一个视频没有音乐，那么观看的人数必然会减少。在剪映 App 中添加音频效果是最基础的剪辑操作，本节主要介绍如何添加音乐、添加音效、提取音乐和淡入淡出等操作。

5.4.1　添加音乐——《天空是蔚蓝色》

【效果展示】剪映 App 的音乐曲库中有丰富的音乐资源，为视频添加合适的音乐，能让视频画面更加动感，画面效果如图 5-69 所示。

扫码看教学视频

图 5-69 《天空是蔚蓝色》的画面效果

下面介绍在剪映 App 中添加音乐的具体操作方法。

步骤 01 在剪映 App 中导入一段视频素材，在一级工具栏中点击“音频”按钮，如图 5-70 所示。

步骤 02 进入音频二级工具栏，点击“音乐”按钮，如图 5-71 所示。

图 5-70 点击“音频”按钮

图 5-71 点击“音乐”按钮

步骤 03 进入“添加音乐”界面，可以看到这里有多种类型的音乐可供选择，选择“纯音乐”选项，如图 5-72 所示。

步骤 04 ① 选择相应音乐即可进行试听；② 点击相应音乐右侧的“使用”按钮，即可将音乐添加到音频轨道中，如图 5-73 所示。

步骤 05 ① 拖动时间轴到视频结束位置；② 选择添加的音乐；③ 在工具栏中点击“分割”按钮，对音乐素材进行分割，如图 5-74 所示。

步骤 06 选择第二段音乐素材，点击“删除”按钮，即可删除多余的音乐，如图 5-75 所示。

图 5-72 选择“纯音乐”选项

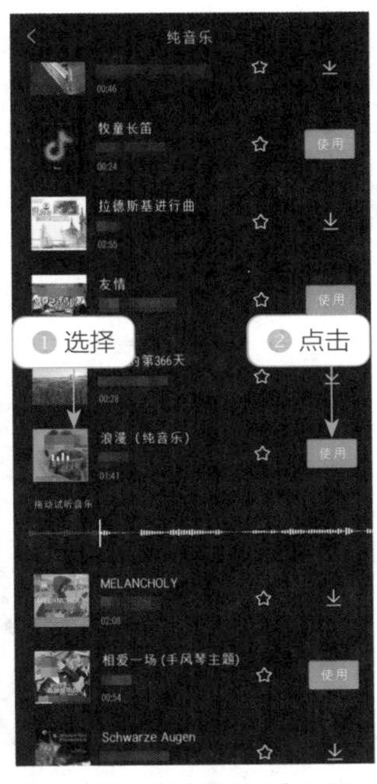

图 5-73 点击“使用”按钮

图 5-74 点击“分割”按钮

图 5-75 点击“删除”按钮

专家提醒

进入“添加音乐”界面后，不仅可以为视频添加不同类型的音乐，还可以使用不同的方式添加音乐，如在搜索框中搜索相应的歌曲或歌手、在抖音 App 收藏的音乐，以及通过复制链接导入音乐等。

5.4.2 添加音效——《鸟语花香》

【效果展示】剪映 App 中有很多音效，比如转场音效、综艺音效和动物音效等，为视频添加鸟叫音效，能让视频更有鸟语花香的画面感，画面效果如图 5-76 所示。

扫码看教学视频

图 5-76 《鸟语花香》的画面效果

下面介绍在剪映 App 中添加音效的具体操作方法。

步骤 01 在剪映 App 中导入一段视频素材，在一级工具栏中点击“音频”按钮，如图 5-77 所示。

步骤 02 在音频二级工具栏中点击“音效”按钮，如图 5-78 所示。

图 5-77　点击"音频"按钮

图 5-78　点击"音效"按钮

步骤 03 进入音效界面，❶ 切换至"动物"选项卡；❷ 选择"清晨鸟叫"音效，即可进行试听音效；❸ 点击相应音效右侧的"使用"按钮，即可将音效添加到音效轨道中，如图 5-79 所示。

步骤 04 在音效轨道中调整音效的时长，使其与视频的时长一致，如图 5-80 所示。

图 5-79　点击"使用"按钮

图 5-80　调整音效时长

5.4.3 提取音乐——《风平浪静》

扫码看教学视频

【效果展示】在剪映 App 中运用“提取音乐”功能可以提取其他视频中的背景音乐，免去搜索音乐的操作，而且方法也很简单，画面效果如图 5-81 所示。

图 5-81 《风平浪静》的画面效果

下面介绍在剪映 App 中提取音乐的具体操作方法。

步骤 01 在剪映 App 中导入一段视频素材，在一级工具栏中点击“音频”按钮，如图 5-82 所示。

步骤 02 进入二级工具栏，点击“提取音乐”按钮，如图 5-83 所示。

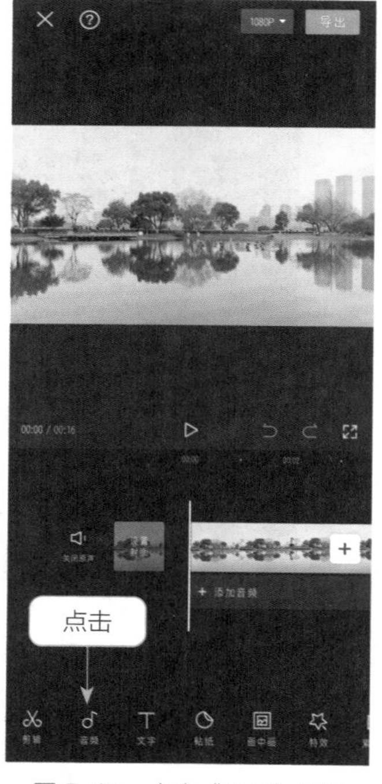

图 5-82 点击“音频”按钮

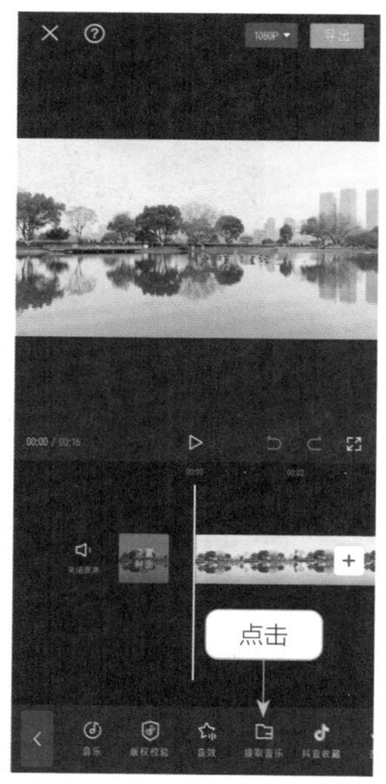

图 5-83 点击“提取音乐”按钮

步骤 03 进入"照片视频"界面，❶ 选择相应的视频素材；❷ 点击"仅导入视频的声音"按钮，如图 5-84 所示。

步骤 04 执行操作后，提取的音乐会自动生成在音频轨道中，如图 5-85 所示。

图 5-84　点击"仅导入视频的声音"按钮

图 5-85　生成音频轨道

5.4.4　淡入淡出——《夜晚江景》

【效果展示】为音频设置淡入淡出的效果，能让音频播放和结束时不那么突兀，让音频过渡得更加流畅且自然，画面效果如图 5-86 所示。

扫码看教学视频

图 5-86 《夜晚江景》的画面效果

下面介绍在剪映 App 中设置淡入淡出效果的具体操作方法。

步骤 01 在剪映 App 中导入一段视频素材，在一级工具栏中点击“音频”按钮，如图 5-87 所示。

步骤 02 在音频二级工具栏中点击“音乐”按钮，如图 5-88 所示。

步骤 03 ❶ 在搜索框中搜索音乐；❷ 点击所选音乐右侧的“使用”按钮，即可将音乐添加到音频轨道中，如图 5-89 所示。

步骤 04 ❶ 拖动时间轴至视频的结束位置；❷ 选择音频；❸ 在工具栏中点击“分割”按钮，对音乐进行分割，如图 5-90 所示。

步骤 05 选中第二段音频，点击“删除”按钮，删除多余音乐，如图 5-91 所示。

步骤 06 ❶ 选择音频素材；❷ 在工具栏中点击“淡化”按钮，如图 5-92 所示。

步骤 07 在“淡化”界面中设置“淡入时长”为 0.7s，如图 5-93 所示。

步骤 08 设置“淡出时长”为 0.9s，如图 5-94 所示。

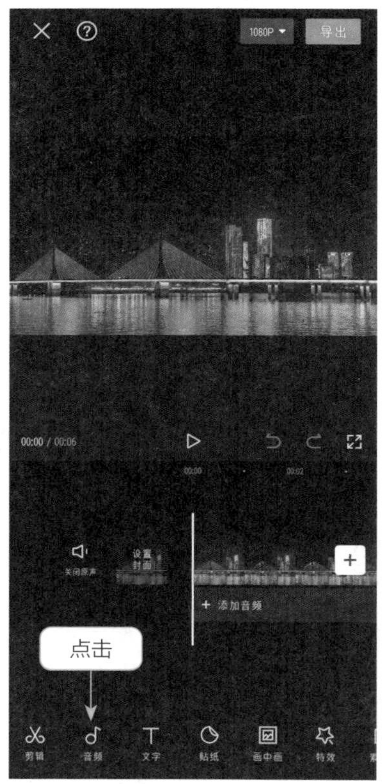

图 5-87　点击“音频”按钮

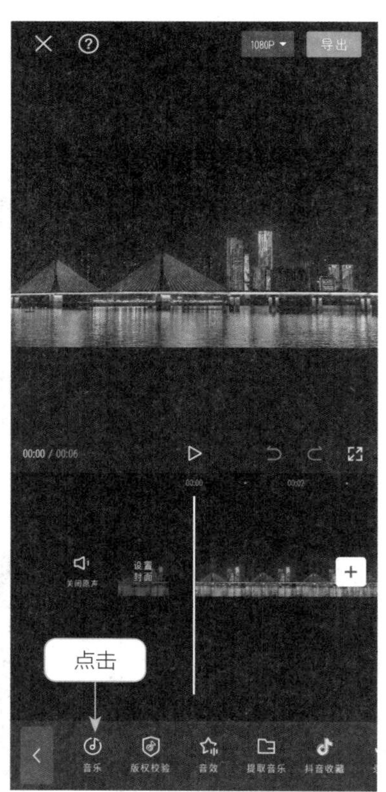

图 5-88　点击“音乐”按钮

图 5-89　点击“使用”按钮

图 5-90　点击“分割”按钮

图 5-91　点击“删除”按钮

图 5-92　点击“淡化”按钮

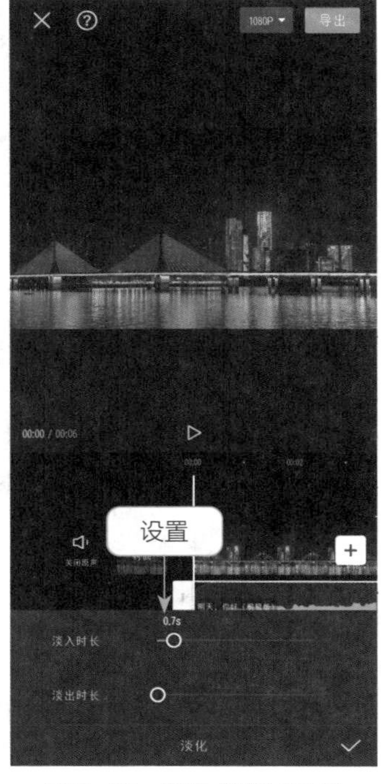

图 5-93　设置“淡入时长”

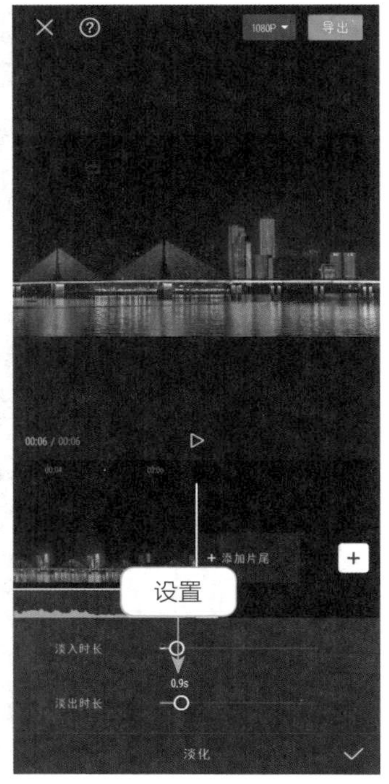

图 5-94　设置“淡出时长”

5.4.5　变速处理——《日暮降临》

扫码看教学视频

【效果展示】如果视频播放速度比较慢，而音频播放速度较快时，可以对音频进行变速处理，让音频播放速度变慢至与视频画面的节奏一致，画面效果如图 5-95 所示。

图 5-95 《日暮降临》的画面效果

下面介绍在剪映 App 中对音频进行变速处理的具体操作方法。

步骤 01 在剪映 App 中导入一段视频素材，在一级工具栏中点击“音频”按钮，如图 5-96 所示。

步骤 02 在音频二级工具栏中点击“音乐”按钮，如图 5-97 所示。

图 5-96　点击“音频”按钮

图 5-97　点击“音乐”按钮

步骤 03 进入“添加音乐”界面，在“收藏”选项卡中点击所选音乐右侧的“使用”按钮，如图 5-98 所示。

步骤 04 ❶ 选择音频素材；❷ 在工具栏中点击“变速”按钮，如图 5-99 所示。

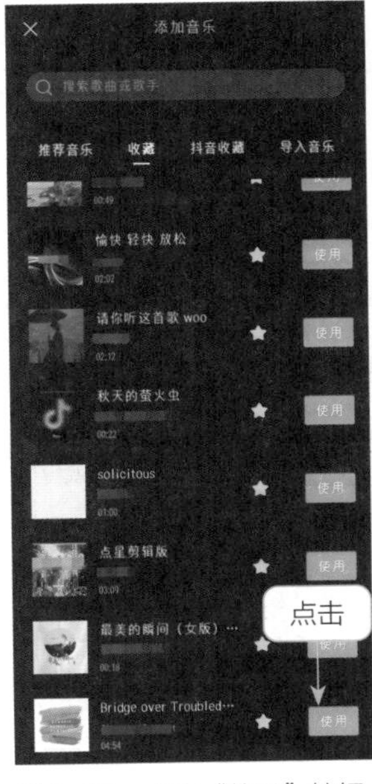

图 5-98　点击“使用”按钮

图 5-99　点击“变速”按钮

步骤 05 进入“变速”界面，拖动红色圆环滑块，设置“变速”参数为 0.8x，减慢音频播放速度，如图 5-100 所示。

步骤 06 ❶ 拖动时间轴至视频的结束位置；❷ 在工具栏中点击“分割”按钮，如图 5-101 所示。

步骤 07 点击“删除”按钮，删除多余的音乐，如图 5-102 所示。

图 5-100　设置“变速”参数

图 5-101　点击“分割”按钮

图 5-102　删除多余的音乐

5.5 编辑和处理视频素材

在之前的内容中认识了剪映 App 的工作界面，掌握了基本的剪辑操作，本节主要结合案例讲解编辑和处理视频素材的技巧。

5.5.1 磨皮瘦脸——《一键美颜变身》

扫码看教学视频

【效果展示】剪映 App 中的“美颜美体”功能能让面部皮肤得到最大的优化，还能增高和瘦身，让身材更完美，效果如图 5-103 所示。

图 5-103 《一键美颜变身》的效果展示

下面介绍在剪映 App 中进行磨皮瘦脸的具体操作方法。

步骤 01 在剪映 App 中导入两张照片素材，调整第一段素材的时长为 2s，如图 5-104 所示。

步骤 02 ❶ 选择第二段素材；❷ 在剪辑二级工具栏中点击"美颜美体"按钮，如图 5-105 所示。

图 5-104　调整素材的时长

图 5-105　点击"美颜美体"按钮

步骤 03 在美颜美体工具栏中点击"智能美颜"按钮，如图 5-106 所示。

步骤 04 ❶ 拖动滑块，❷ 调整“磨皮”参数为 40，让皮肤更光滑，如图 5-107 所示。

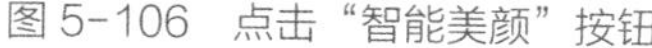

图 5-106　点击“智能美颜”按钮

图 5-107　调整“磨皮”参数

步骤 05 ❶ 选择“瘦脸”选项；❷ 拖动滑块，调整参数为 15，让人物的脸型更小，如图 5-108 所示。

步骤 06 ❶ 选择“美白”选项；❷ 拖动滑块，调整参数为 26，让人物肤色更白，如图 5-109 所示。

步骤 07 返回到上一级，点击“智能美体”按钮，在“智能美体”界面中 ❶ 选择“瘦身”选项；❷ 拖动滑块，调整“瘦身”参数为 41，让人物身材变苗条，如图 5-110 所示。

步骤 08 ❶ 选择“瘦腰”选项；❷ 拖动滑块，调整参数为 69，让人物腰部更曼妙，如图 5-111 所示。

步骤 09 ❶ 选择“小头”选项；❷ 拖动滑块，调整参数为 42，让人物的头身比更优越，如图 5-112 所示。

步骤 10 返回到主界面，在工具栏中依次点击“特效”按钮和“画面特效”按钮，如图 5-113 所示。

步骤 11 ❶ 切换至“氛围”选项卡；❷ 选择“星火炸开”特效，如图 5-114 所示。

步骤 12 为视频添加合适的背景音乐，如图 5-115 所示。

图 5-108　调整“瘦脸”参数

图 5-109　调整“美白”参数

图 5-110　调整“瘦身”参数

图 5-111　调整“瘦腰”参数

图 5-112　调整“小头”参数

图 5-113　点击“画面特效”按钮

图 5-114　选择“星火炸开”特效

图 5-115　添加背景音乐

5.5.2　玩法功能——《秒变漫画脸》

【效果展示】剪映 App 中的“抖音玩法”功能能够让人像素材展现不一样的美，比如把真人变成漫画，效果十分惊艳，如图 5-116 所示。

扫码看教学视频

图 5-116 《秒变漫画脸》的效果展示

下面介绍在剪映 App 中制作漫画脸的具体操作方法。

步骤 01 在剪映中导入两张照片素材，选择第二张素材，如图 5-117 所示。

步骤 02 在剪辑二级工具栏中点击“抖音玩法”按钮，如图 5-118 所示。

步骤 03 在“抖音玩法”界面中选择“日漫”选项，如图 5-119 所示。

步骤 04 在视频的起始位置依次点击“特效”按钮和“画面特效”按钮，如图 5-120 所示。

步骤 05 在“基础”选项卡中选择“变清晰”特效，调整特效时长，使其与第一段素材的时长一致，效果如图 5-121 所示。

步骤 06 为视频添加合适的背景音乐，如图 5-122 所示。

图 5-117 选择第二张素材

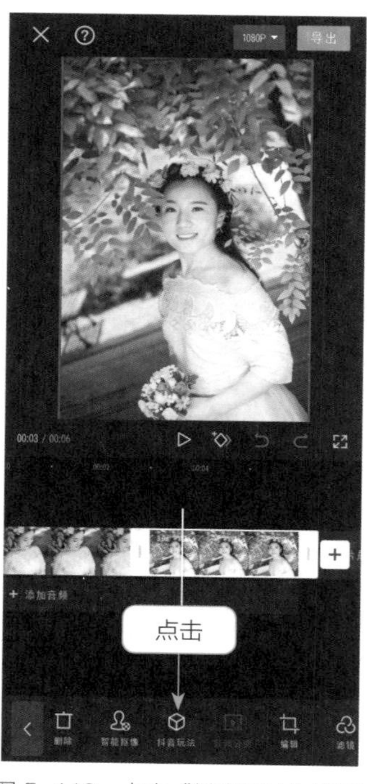

图 5-118 点击“抖音玩法”按钮

图 5-119 选择“日漫”选项

图 5-120 点击“画面特效”按钮

图 5-121　调整特效时长

图 5-122　添加背景音乐

第 6 章
特效：剪辑出唯美的画面

如今，人们的眼光越来越高，喜欢追求更有创意的短视频作品。在短视频平台上，也有许多创意十足视频画面，不仅色彩丰富，而且画面炫酷神奇，非常受大众的喜爱。本章将介绍使用剪映 App 制作唯美视频的操作方法。

6.1　视频调色处理

如果拍摄视频时光线不好，可以在剪映 App 中通过“调节”功能调整视频光线；若色彩饱和度不够，可以通过添加滤镜，让视频画面更加美观。

6.1.1　基本调色——《蓝天白云》

【效果对比】原视频画面曝光不足，而且色彩比较暗淡，通过调色之后，视频中蓝天白云非常明亮，风景也变得更加迷人了，效果如图 6-1 所示。

扫码看教学视频

图 6-1 《蓝天白云》的效果展示

下面介绍使用剪映 App 把灰蒙蒙的天空调出蓝天白云效果的具体操作方法。

步骤 01 在剪映 App 中导入一段视频素材，❶ 选择视频素材；❷ 在剪辑二级工具栏中点击“调节”按钮，如图 6-2 所示。

步骤 02 进入“调节”界面，❶ 选择“亮度”选项；❷ 拖动滑块，调整参数为 10，如图 6-3 所示，使画面更明亮。

图 6-2　点击“调节”按钮

图 6-3　调整“亮度”参数

步骤 03 ❶ 选择“对比度”选项；❷ 拖动滑块，调整参数为 18，增加视频画面的层次感，如图 6-4 所示。

步骤 04 ❶ 选择“饱和度”选项；❷ 拖动滑块，调整参数为 39，增加视频画面的色彩浓度，如图 6-5 所示。

图 6-4　调整“对比度”参数

图 6-5　调整“饱和度”参数

步骤 05 ❶ 选择“光感”选项；❷ 拖动滑块，调整参数为 -8，适当降低视频画面的曝光，如图 6-6 所示。

步骤 06 ❶ 选择“色温”选项；❷ 拖动滑块，调整参数为 -20，增强视频画面的冷色调效果，如图 6-7 所示。

图 6-6　调整“光感”参数

图 6-7　调整“色温”参数

6.1.2　添加滤镜——《赛博朋克》

【效果对比】赛博朋克滤镜适合用在夜景视频中，这种冷色调的滤镜一般以青色、蓝色和紫色为主调，具有浓浓的科幻风，效果如图 6-8 所示。

扫码看案例效果

图 6-8 《赛博朋克》的效果展示

下面介绍在剪映 App 中添加滤镜的具体操作方法。

步骤 01 在剪映 App 中导入一段视频素材，在一级工具栏中点击“滤镜”按钮，如图 6-9 所示。

步骤 02 进入“滤镜”选项卡，❶ 切换至“风格化”选项区；❷ 选择“赛博朋克”滤镜，如图 6-10 所示。

图 6-9　点击“滤镜”按钮

图 6-10　选择“赛博朋克”滤镜

步骤 03 ❶ 切换至“调节”选项卡；❷ 选择“亮度”选项；❸ 拖动滑块，调整参数为 -10，增加视频画面的亮度，如图 6-11 所示。

步骤 04 ❶ 选择“对比度”选项；❷ 拖动滑块，调整参数为 8，增加视频画面的层次感，如图 6-12 所示。

步骤 05 ❶ 选择“饱和度”选项；❷ 拖动滑块，调整参数为 -8，降低视频画面的色彩浓度，如图 6-13 所示。

步骤 06 ❶ 选择“光感”选项；❷ 拖动滑块，调整参数为 -18，降低视频画面的曝光，如图 6-14 所示。

图 6-11　调整“亮度”参数

图 6-12　调整“对比度”参数

图 6-13　调整“饱和度”参数

图 6-14　调整“光感”参数

6.1.3 磨砂色调——《油画日落》

扫码看案例效果

【效果对比】在剪映 App 中通过添加“磨砂纹理”特效能让视频画面有磨砂质感，后期再通过调色等操作，就能让日落画面变成油画，效果如图 6-15 所示。

图 6-15 《油画日落》的效果展示

下面介绍在剪映 App 中调出磨砂色调的具体操作方法。

步骤 01 在剪映 App 中导入一段视频素材，在一级工具栏中点击“特效”按钮，如图 6-16 所示。

步骤 02 进入特效二级工具栏，点击“画面特效”按钮，如图 6-17 所示。

图 6-16 点击“特效”按钮

图 6-17 点击“画面特效”按钮

步骤 03 ❶ 切换至“纹理”选项卡；❷ 选择“磨砂纹理”特效，如图 6-18 所示。

步骤 04 调整“磨砂纹理”特效的时长，使其与视频的时长一致，如图 6-19 所示。

图 6-18　选择“磨砂纹理”特效

图 6-19　调整特效时长

步骤 05 ❶ 选择视频素材；❷ 在工具栏中点击“滤镜”按钮，如图 6-20 所示。

步骤 06 进入“滤镜”选项卡，❶ 切换至“风景”选项区；❷ 选择“橘光”滤镜，如图 6-21 所示。

图 6-20　点击“滤镜”按钮

图 6-21　选择“橘光”滤镜

步骤 07 ❶切换至“调节”选项卡；❷选择“色温”选项；❸拖动滑块，调整参数为 8，让画面中的橙色部分更加明亮，如图 6-22 所示。

步骤 08 ❶选择“色调”选项；❷拖动滑块，调整参数为 16，让夕阳更加偏橙色，如图 6-23 所示。

图 6-22 调整“色温”参数

图 6-23 调整“色调”参数

6.2 视频特效处理

通过对视频进行特效处理，能让视频画面变得更加丰富精彩，从而吸引流量和关注。本节主要介绍如何添加特效、添加转场、添加动画以及添加关键帧动画，让视频画面展现出不一样的美。

6.2.1 添加特效——《季节变换》

扫码看案例效果

【效果展示】剪映 App 里“变秋天”特效能让夏天变成秋天，再添加“落叶”特效，就能让秋天的氛围能加浓烈，效果如图 6-24 所示。

图 6-24 《季节变换》的效果展示

下面介绍在剪映 App 中添加特效的具体操作方法。

步骤 01 在剪映 App 中导入一段视频素材，在一级工具栏中点击“特效”按钮，如图 6-25 所示。

步骤 02 在特效二级工具栏中点击“画面特效”按钮，如图 6-26 所示。

图 6-25　点击“特效”按钮

图 6-26　点击“画面特效”按钮（1）

步骤 03 ❶ 切换至“基础”选项卡；❷ 选择“变秋天”特效，如图 6-27 所示。

步骤 04 调整“变秋天”特效的时长，使其与视频的时长一致，如图 6-28 所示。

步骤 05 返回到上一级，在视频 1s 画面刚变成秋天的位置上点击“画面特效”按钮，如图 6-29 所示。

步骤 06 ❶ 切换至“自然”选项卡；❷ 选择“落叶”特效，如图 6-30 所示。

步骤 07 调整“落叶”特效的时长，使其与视频的结束位置对齐，如图 6-31 所示。

图 6-27　选择"变秋天"特效

图 6-28　调整特效时长（1）

图 6-29　点击"画面特效"按钮（2）

图 6-30　选择"落叶"特效

图 6-31　调整特效时长（2）

6.2.2　添加转场——《风格转场》

【效果展示】在剪映 App 里有很多自带的转场，类型多样，最好根据素材的风格选择合适的转场，效果如图 6-32 所示。

扫码看案例效果

图 6-32　《风格转场》的效果展示

下面介绍在剪映 App 中添加转场的具体操作方法。

步骤 01 在剪映 App 中导入四段素材，点击第一段和第二段素材之间的“转场”按钮，如图 6-33 所示。

步骤 02 进入“转场”界面，❶ 切换至“遮罩转场”选项卡；❷ 选择“水墨”转场；❸ 设置转场时长为 1s，如图 6-34 所示。

图 6-33　点击“转场”按钮

图 6-34　设置转场时长（1）

步骤 03 使用同样的方法，为第二段和第三段素材之间添加“撕纸”转场，转场时长为 1s，如图 6-35 所示。

步骤 04 为第三段和第四段素材之间添加“画笔擦除”转场，转场时长为 1s，如图 6-36 所示。

图 6-35 设置转场时长（2）

图 6-36 设置转场时长（3）

步骤 05 返回到主界面，拖动时间轴到视频的起始位置，依次点击“特效”按钮和“画面特效”按钮，如图 6-37 所示。

步骤 06 在“基础”选项卡中选择“变清晰”特效，如图 6-38 所示。

步骤 07 为视频添加合适的背景音乐，如图 6-39 所示。

图 6-37 点击“画面特效”按钮

图 6-38 选择“变清晰”特效

图 6-39 添加背景音乐

6.2.3 添加动画——《照片抖动卡点》

【效果展示】在剪映 App 中通过对素材添加动画特效，就能制作抖动卡点的效果，后期再添加动感的特效，能让画面更加酷炫，效果如图 6-40 所示。

扫码看案例效果

图 6-40 《照片抖动卡点》的效果展示

点击下面介绍在剪映 App 中添加动画特效的具体操作方法。

步骤 01 在剪映 App 中导入四段素材，调整每段素材的时长为 2s，如图 6-41 所示。

步骤 02 返回到主界面，在一级工具栏中点击“比例”按钮，如图 6-42 所示。

图 6-41 调整素材时长

图 6-42 点击“比例”按钮

步骤 03 在比例二级工具栏中点击 9 ：16 按钮，如图 6-43 所示。

步骤 04 返回到上一级，在一级工具栏中依次点击“背景”按钮和“画布模糊”按钮，如图 6-44 所示。

图 6-43　选择 9:16 选项

图 6-44　点击“画布模糊”按钮

步骤 05 ❶ 在“画布模糊”选项区中选择第四个样式；❷ 点击“全局应用”按钮，设置统一的画面背景，如图 6-45 所示。

步骤 06 ❶ 选择第一段素材；❷ 在工具栏中点击“动画”按钮，如图 6-46 所示。

图 6-45　点击“全局应用”按钮

图 6-46　点击“动画”按钮

步骤 07 在动画工具栏中点击“入场动画”按钮，如图 6-47 所示。

步骤 08 ❶ 进入“入场动画”界面，选择“左右抖动”动画；❷ 设置动画时长为 2s，如图 6-48 所示。

图 6-47　点击“入场动画”按钮

图 6-48　设置动画时长（1）

步骤 09 ❶ 选择第二段素材；❷ 在“入场动画”选项区中选择“上下抖动”动画；❸ 设置动画时长为 2s，如图 6-49 所示。

步骤 10 ❶ 选择第三段素材；❷ 点击“组合动画”按钮，如图 6-50 所示。

图 6-49　设置动画时长（2）

图 6-50　点击“组合动画”按钮

步骤 11 在“组合动画”选项区中选择“放大弹动”动画，如图 6-51 所示。

步骤 12 ❶ 选择第四段素材；❷ 在“入场动画”选项区中选择“向左下甩入”动画；❸ 设置动画时长为 1.5s，如图 6-52 所示。

图 6-51　选择“放大弹动”动画

图 6-52　设置动画时长（3）

步骤 13 ❶ 返回到主界面，拖动时间轴到视频的起始位置；❷ 在工具栏中依次点击“特效”按钮和“画面特效”按钮，如图 6-53 所示。

步骤 14 ❶ 切换至“动感”选项区；❷ 选择“霓虹摇摆”特效，如图 6-54 所示。

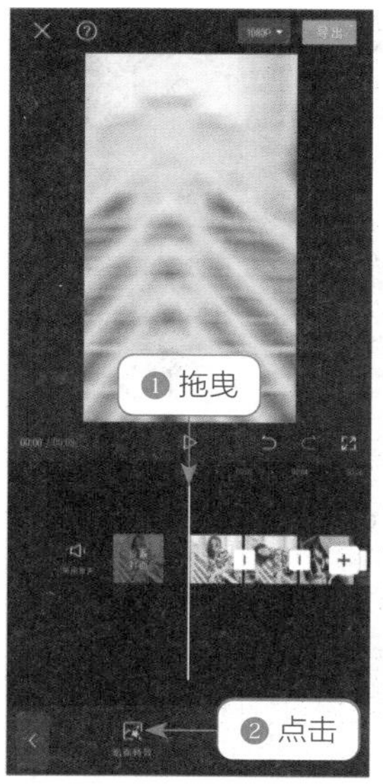

图 6-53　点击“画面特效”按钮

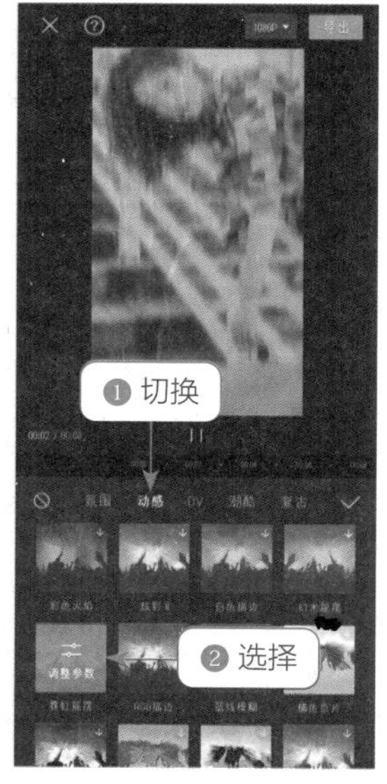

图 6-54　选择“霓虹摇摆”特效

步骤 15 调整“霓虹摇摆”特效时长，使其与第一段素材的时长对齐，如图 6-55 所示。

步骤 16 使用同样的方法，分别为剩下的素材添加“动感”选项卡中的“抖动”“卡机”“脉搏跳动”特效，如图 6-56 所示。

图 6-55　调整特效时长

图 6-56　添加相应特效

步骤 17 为视频添加合适的背景音乐，如图 6-57 所示。

步骤 18 拖动时间轴到视频的起始位置，点击“设置封面”按钮，如图 6-58 所示。

步骤 19 ❶ 进入设置封面界面，向左动动视频，使“视频帧”选项区中的时间轴位于合适位置；❷ 点击“保存”按钮，即可完成封面的设置，如图 6-59 所示。

图 6-57　添加背景音乐

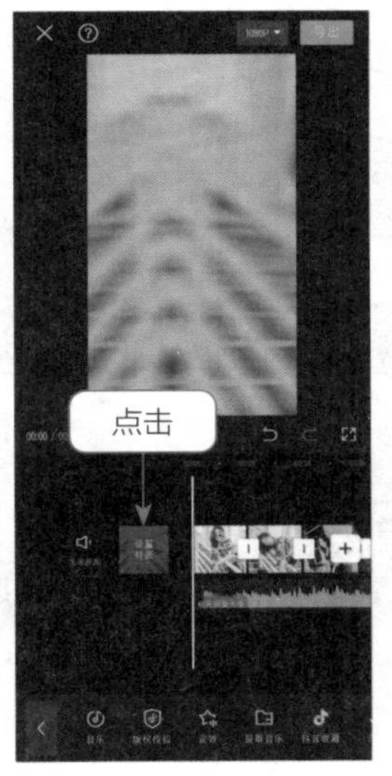

图 6-58　点击“设置封面”按钮

图 6-59　点击“保存”按钮

6.2.4 添加关键帧动画——《一张照片变视频》

【效果展示】在剪映 App 中运用“关键帧”功能可以把一张长图制作成一段视频，还可以更改画面比例，效果如图 6-60 所示。

扫码看案例效果

图 6-60 《一张照片变视频》的效果展示

下面介绍在剪映 App 中把照片制作成视频的具体操作方法。

步骤 01 在剪映 App 中导入一张长图素材，调整素材时长为 6s，如图 6-61 所示。

步骤 02 返回到上一级，在一级工具栏中点击“比例”按钮，如图 6-62 所示。

图 6-61 调整素材时长

图 6-62 点击“比例”按钮

步骤 03 在比例二级工具栏中点击 9 ： 16 按钮，如图 6-63 所示。

步骤 04 ❶ 选择视频素材，在视频的起始位置点击◇按钮，添加关键帧；❷ 在预览区域放大素材画面，并使素材最左边处于视频的起始位置，如图 6-64 所示。

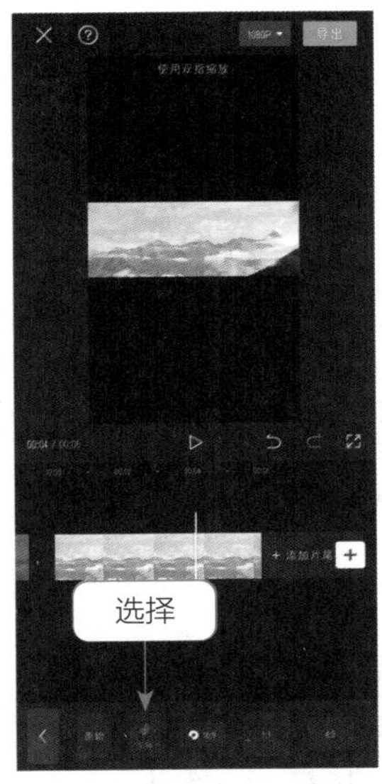

图 6-63　选择 9 ： 16 选项

图 6-64　放大素材画面

步骤 05 ❶ 拖动时间轴至视频的结束位置；❷ 调整画面位置，使素材最右边处于视频的结束位置，如图 6-65 所示。

步骤 06 为视频添加合适的背景音乐，如图 6-66 所示。

图 6-65　调整画面位置

图 6-66　添加背景音乐

6.3 创意合成处理

合成处理一般需要两个以上的素材，通过对多个素材的处理，使它们出现在同一画面上。在剪映 App 中可以通过“蒙版”“色度抠图”“智能抠像”等功能制作创意视频，下面介绍具体案例。

6.3.1 蒙版工具——《分身拍照》

扫码看案例效果

【效果展示】用户可以利用“蒙版”功能中的“线性”蒙版制作分身拍照视频，可以看到画面中的人物正在自己给自己拍照，效果如图 6-67 所示。

图 6-67　分身拍照效果展示

下面介绍在剪映 App 中制作分身拍照视频的操作方法。

步骤 01 在剪映 App 中导入相应的视频素材，在一级工具栏中点击“画中画”按钮，如图 6-68 所示。

步骤 02 进入画中画二级工具栏，点击“新增画中画”按钮，如图 6-69 所示。

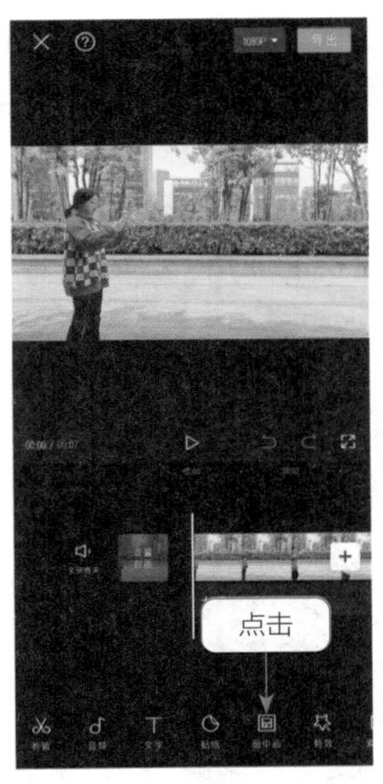

图 6-68　点击“画中画”按钮　　图 6-69　点击“新增画中画”按钮

步骤 03 ❶ 进入“照片视频”界面，选择相应的视频素材；❷ 点击“添加”按钮，如图 6-70 所示。

步骤 04 执行操作后，即可将素材添加到画中画轨道中。❶ 在预览区域中放大画中画轨道的画面，使其铺满屏幕；❷ 点击“蒙版”按钮，如图 6-71 所示。

图 6-70　点击“添加”按钮　　图 6-71　点击“蒙版”按钮

步骤 05 执行操作后，进入“蒙版”选项区，选择“线性”蒙版，如图 6-72 所示。

步骤 06 在预览区域将蒙版顺时针旋转至 90°，使画面中同时出现两个人物，如图 6-73 所示。

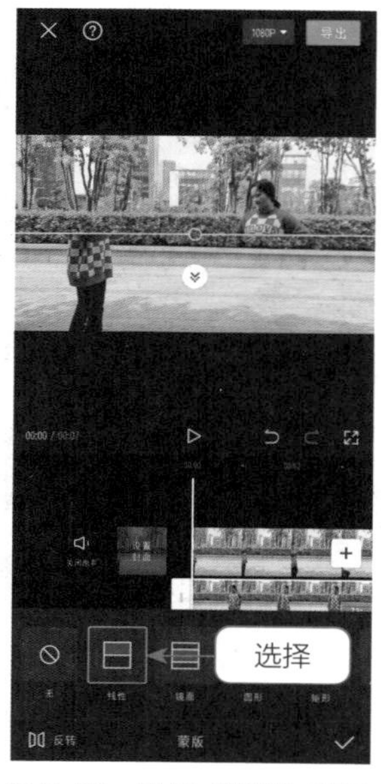

图 6-72 选择“线性”蒙版

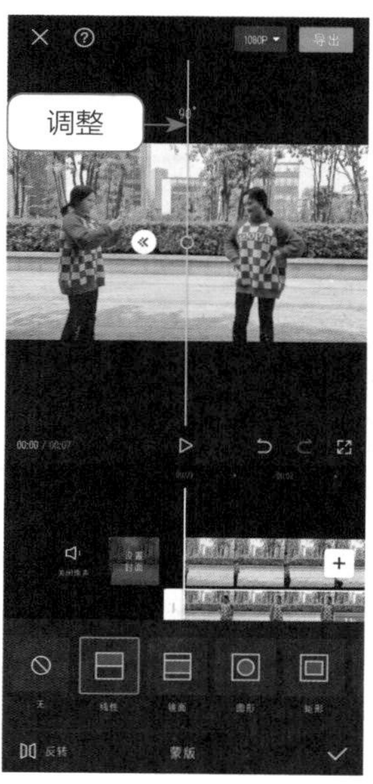

图 6-73 调整蒙版角度

步骤 07 返回到主界面，点击“特效”按钮，如图 6-74 所示。

步骤 08 进入特效二级工具栏，点击“画面特效”按钮，如图 6-75 所示。

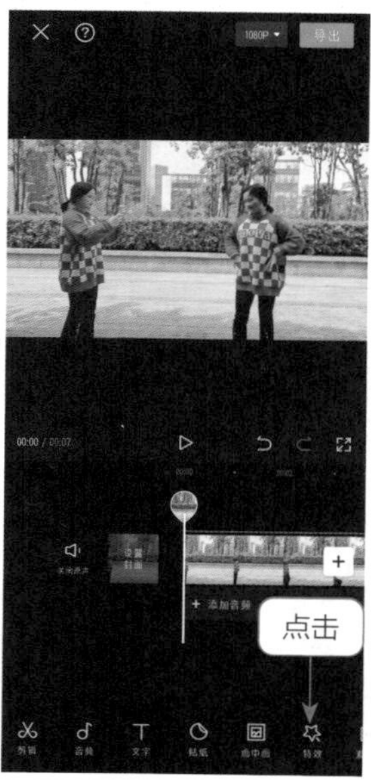

图 6-74 点击“特效”按钮

图 6-75 点击“画面特效”按钮

步骤 09 ❶ 进入画面特效界面，切换至“自然”选项卡；❷ 选择“晴天光线”特效，如图 6-76 所示。

步骤 10 点击✓按钮确认添加特效，在工具栏中点击“作用对象”按钮，如图 6-77 所示。

图 6-76　选择“晴天光线”按钮

图 6-77　点击“作用对象”按钮

步骤 11 进入“作用对象”界面，点击“全局”按钮，如图 6-78 所示。

步骤 12 点击✓按钮返回到上一界面，按住特效右侧的白色拉杆并向右拖动，调整特效的时长，使其与视频的时长一致，如图 6-79 所示。

图 6-78　点击“全局”按钮

图 6-79　调整特效时长

6.3.2 色度抠图——《我要上电视》

扫码看案例效果

【效果展示】在剪映 App 中添加电视机绿幕素材，后期通过“色度抠图”功能就能抠出人像，制作出人物上电视的效果，如图 6-80 所示。

图 6-80 《我要上电视》的效果展示

下面介绍在剪映 App 中进行色度抠图的具体操作方法。

步骤 01 在剪映 App 中导入一段视频素材，在一级工具栏中点击“画中画”按钮，如图 6-81 所示。

步骤 02 进入画中画二级工具栏，点击“新增画中画”按钮，如图 6-82 所示。

步骤 03 进入“照片视频”界面，❶ 选择相应的绿幕素材；❷ 点击“添加”按钮，如图 6-83 所示。

步骤 04 ❶ 在预览区域调整素材的画面大小；❷ 在工具栏中点击“色度抠图”按钮，如图 6-84 所示。

步骤 05 进入“色度抠图”界面，在预览区域拖动圆环，取样画面中的绿色，如图 6-85 所示。

步骤 06 ❶ 选择“强度”选项；❷ 设置参数为 100，如图 6-86 所示。

图 6-81　点击“画中画”按钮

图 6-82　点击“新增画中画”按钮

图 6-83　点击“添加”按钮

图 6-84　点击“色度抠图”按钮

图 6-85　取样画面中的绿色

图 6-86　设置“强度”参数

步骤 07 ❶ 选择“阴影”选项；❷ 设置参数为 100，抠出人像，如图 6-87 所示。

步骤 08 ❶ 选择主轨道中的素材；❷ 调整素材的大小，如图 6-88 所示。

步骤 09 为视频添加合适的背景音乐，如图 6-89 所示。

图 6-87　设置“阴影”参数

图 6-88　调整素材的大小

图 6-89　添加背景音乐

6.3.3 智能抠像——《更改背景》

【效果展示】在剪映 App 中运用“智能抠像”功能可以抠出视频中的人像，然后把人像放在任意的背景视频里，制作出“走天下”的效果，如图 6-90 所示。

扫码看案例效果

图 6-90 《更改背景》的效果展示

下面介绍在剪映 App 中进行智能抠像的具体操作方法。

步骤 01 在剪映 App 中导入背景视频素材，点击“画中画”按钮，如图 6-91 所示。

步骤 02 在画中画二级工具栏中点击“新增画中画”按钮，如图 6-92 所示。

图 6-91 点击“画中画”按钮

图 6-92 点击“新增画中画”按钮

步骤 03 ❶ 在“照片视频”界面中选择一段人物走路的视频素材；❷ 点击“添

加”按钮，如图 6-93 所示

步骤 04 ❶ 点击“智能抠像”按钮，抠出人像；❷ 调整人像素材的画面大小，如图 6-94 所示。

图 6-93　点击“添加”按钮

图 6-94　调整人像素材的画面大小

步骤 05 在工具栏中依次点击“变速”按钮和“常规变速”按钮，如图 6-95 所示。

步骤 06 进入“变速”界面，拖动红色圆环滑块，设置“变速”参数为 0.6x，如图 6-96 所示。

图 6-95　点击“常规变速”按钮

图 6-96　设置参数为 0.6x

步骤 07 选择主轨道中的素材，拖动右侧的白色拉杆，调整素材时长，使其与画中画素材的时长一致，如图 6-97 所示。

步骤 08 为视频添加合适的背景音乐，如图 6-98 所示。

图 6-97　调整素材时长

图 6-98　添加背景音乐

专家提醒

在选择要进行抠像的人像视频时，最好选择视频背景简洁、背景色彩与人物衣服色彩不重合的视频，这样抠出的人像才能干净利落。

运 营 篇

第 7 章
账号：轻松打造百万粉丝

在运营者注册短视频平台账号之前，首先要做的是对自己的账号以及对将要制作的内容进行定位，并根据这个定位来策划和拍摄短视频内容，这样才能快速形成独特、鲜明的人设标签。

7.1　定位：给账号打上标签

账号定位是指运营者要做一个什么类型的短视频账号，希望通过这个账号获得什么样的用户群体，通过这个账号能为用户提供哪些价值。运营者需要从多个方面去考虑短视频的账号定位，不能单纯地考虑自己，或只打广告和卖货，而忽略了要给用户带来的价值，这样很难得到用户的支持，更不必说运营好短视频账号了。

账号定位的核心规则为，一个账号只专注于一个垂直细分领域、只定位一类用户人群、只分享一个类型的内容。本节将介绍短视频账号定位的相关方法和技巧。

7.1.1　问题：厘清账号定位的关键

定位（Positioning）理论创始人杰克·特劳特（Jack Trout）曾说过："所谓定位，就是令你的企业和产品与众不同，形成核心竞争力；对受众而言，就是鲜明地建立品牌。"

其实，简单来说定位包括以下 3 个关键问题。

- 你是谁?
- 你要做什么事情?
- 你和别人有什么区别?

对于短视频的账号定位来说，则需要在此基础上对问题进行一些扩展，具体如图 7-1 所示。

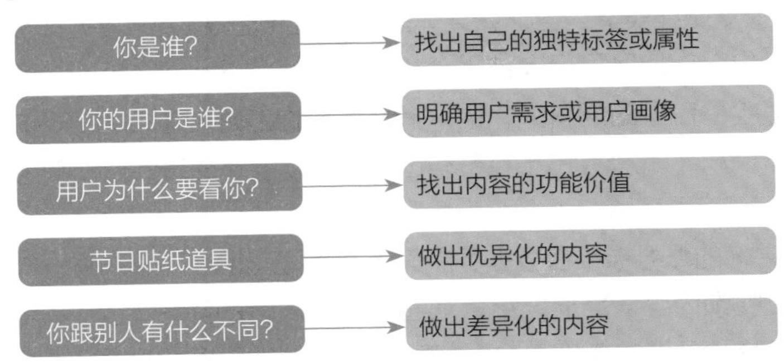

图 7-1　短视频账号定位的关键问题及对策

以抖音 App 为例，该平台上不仅有数亿的用户量，而且每天更新的视频数量也在百万以上，那么如何让自己发布的短视频内容能被用户看到并喜欢呢？其关键在

于做好账号定位。账号定位的作用直接决定了账号的涨粉速度和变现难度，同时也决定了账号的内容布局和引流效果。

7.1.2 理由：账号定位不得不做

运营者在准备注册短视频账号时，必须将账号定位放到第一位，只有把账号定位做好了，之后的运营道路才会走得更加顺畅。图 7-2 显示了将账号定位放到第一位的 5 个理由。

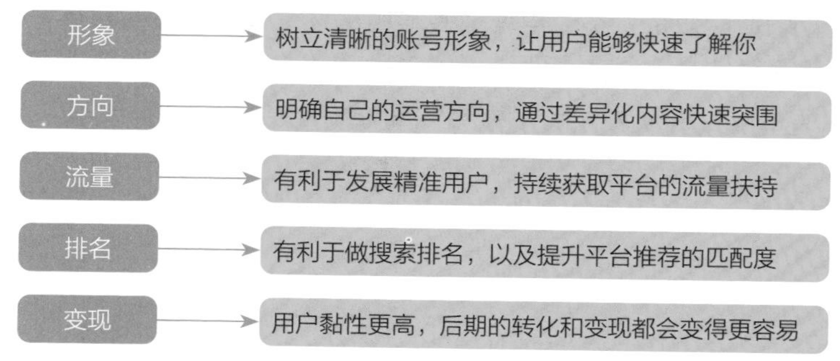

图 7-2 将账号定位放到第一位的 5 个理由

7.1.3 标签：让账号的流量更精准

标签是指短视频平台给运营者的账号进行分类的指标依据。平台会根据运营者发布的内容，来给其账号打上对应的标签，然后将该内容推荐给对这类标签作品感兴趣的用户。在这种个性化的流量机制下，不仅提升了运营者的创作积极性，而且也增强了用户的观看体验感。

例如，某个短视频平台上有 100 个人，其中有 50 个人都对旅行感兴趣，而另外 50 个人不喜欢旅行类的内容。如果你的账号刚好是做旅行类的短视频内容，却没有做好账号定位，你的账号没有被平台打上“旅行”这个标签，此时系统会随机将你的内容推荐给平台上的所有人。这种情况下，你的短视频内容被用户点赞和关注的概率就只有 50%。此外，由于点赞率过低，还会被系统认为短视频内容不够优质，不会再给你推荐流量。

相反，如果你的账号被平台打上了“旅行”的标签，此时系统不再是随机推荐流量，而是将你的短视频内容精准推荐给喜欢看旅行类内容的那些人。这样，你的短视频内容获得的点赞和关注的概率就会非常高，能够获得更多的推荐流量，让更多人看到你的作品，并喜欢上你的内容，从而关注你的账号。

只有做好短视频的账号定位，运营者才能在用户心中形成某种特定的印象。因此，账号定位对于短视频的运营者来说非常重要。图 7-3 中总结了一些账号定位的相关技巧。

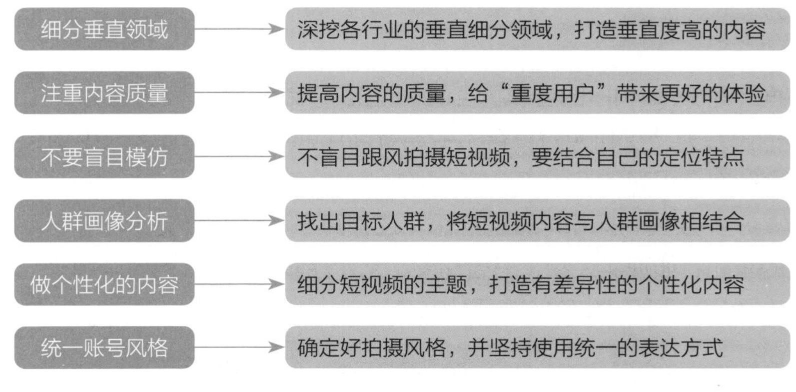

图 7-3　账号定位的相关技巧

专家提醒

以抖音平台为例，根据某些专业人士分析得出的一个结论，即某个短视频作品连续获得系统的 8 次推荐后，该作品就会获得一个新的标签，从而得到更加长久的流量扶持。

7.1.4　流程：了解账号定位的目的

很多人做短视频其实是一时兴起，看着大家都去做也跟着去做，根本没有考虑过自己做这个平台的目的是涨粉还是变现。

以涨粉为例，蹭热点是非常快的涨粉方式，但这样的账号变现能力就会降低。因此，运营者需要先想清楚自己做短视频的目的是什么，例如，引流涨粉、推广品牌、打造 IP、带货变现等。当运营者明确了账号定位的目的后，即可开始做账号定位，基本流程如下。

（1）分析行业数据：在进入某个行业之前，先找出这个行业中的头部账号，看看他们是如何将账号做好的，可以通过专业的行业数据分析工具，如蝉妈妈、新抖、飞瓜数据等，找出行业的最新玩法、热点内容、热门商品和创作方向。

（2）分析自身属性：对于平台上的头部账号来说，其点赞量和粉丝量都非常高，他们通常拥有良好的形象、才艺和技能，普通人很难模仿。因此运营者需要从自己已有的条件和能力出发，找出自己擅长的领域，保证内容的质量和更新频率。

（3）分析同类账号：深入分析同类账号的短视频题材、脚本、标题、运镜、景别、构图、评论、拍摄和剪辑方法等，学习他们的优点，并找出不足之处或能够进行差异化创作的地方，以此来超越同类账号。

7.1.5 风格：打造特有的短视频 IP

从字面意思来看，IP 的全称为 Intellectual Property，其大意为“知识产权”，百度百科的解释为“权利人对其智力劳动所创作的成果和经营活动中的标记、信誉所依法享有的专有权利”。

如今，IP 不仅具有知识产权的意思，还被赋予了新的含义。它常常用来指代那些有人气的东西，如现实人物、书籍动漫、艺术品和体育等；也可以用来指代一切火爆的元素。图 7-4 所示为 IP 的主要特点。

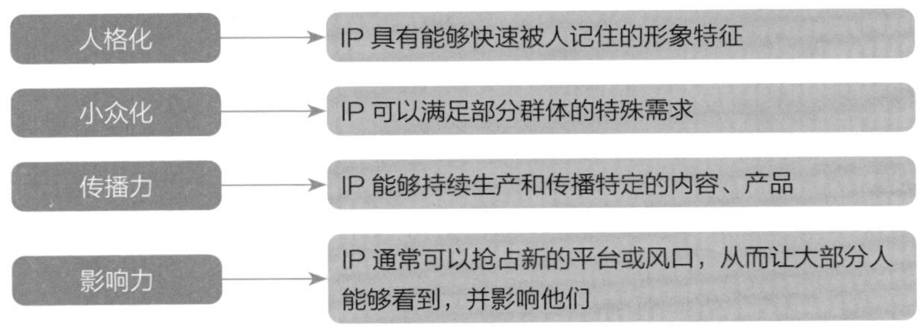

图 7-4 IP 的主要特点

在短视频领域中，个人 IP 是基于账号定位形成的，而超级 IP 不仅有明确的账号定位，而且还能够跨界发展。表 7-1 中总结了一些抖音达人的 IP 特点。运营者可以从中发现他们的风格特点，从而更好地规划自己的短视频风格，确定合理的内容定位。

表 7-1 抖音达人的 IP 特点

抖音账号	粉丝数量	IP 内容特点
❤ 会说话的刘二豆 ❤	3893.4 万	“❤ 会说话的刘二豆 ❤”是一只搞怪卖萌的折耳猫，而搭档“瓜子”则是一只英国短毛猫，账号主人为其配上幽默诙谐的语言对话，加上两只小猫有趣搞笑的肢体动作，备受粉丝的喜爱
唐唐	3065.5 万	“唐唐”是一个古灵精怪的动漫人物形象，视频内容多是侦探破案或搞笑情节，让人在观看时忍不住捧腹大笑

注：粉丝数量为写作时的数据。

通过分析上面这些抖音达人，可以看到他们每个人身上都有非常明显的个人标签，这些就是他们的 IP 特点，能够让内容风格更加明确和统一，让他们的人物形象深深印在粉丝的脑海中。对于运营者来说，在这个新媒体时代，要拥有自己的 IP 特点并没有想象中那么难，关键是要找到将自己打造为 IP 的方法。图 7-5 中总结了一些打造 IP 的方法和技巧。

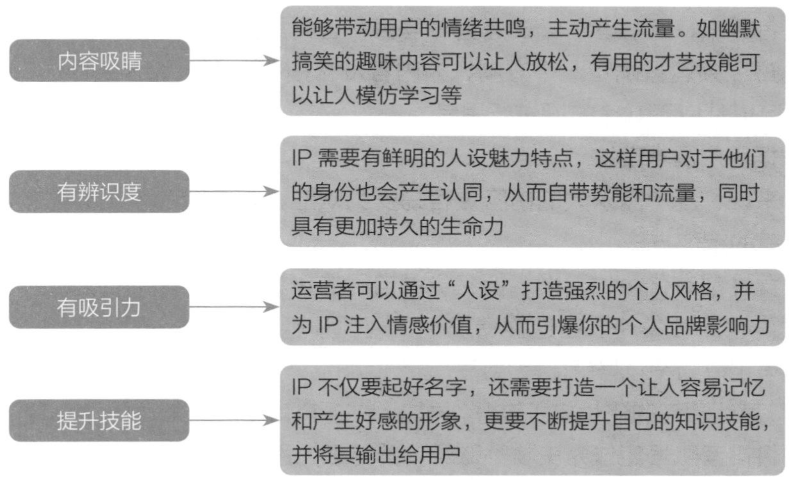

图 7-5　打造 IP 的方法和技巧

7.1.6　定位：找准视频运营的方向

当下最热门的短视频 App 便是抖音和快手，若分阵营来看待这些短视频 App 的话，以抖音、抖音火山版、西瓜视频为代表的今日头条系无疑是最大的赢家。

2020 年，微信团队推出一个全新的短视频创作平台——视频号。视频号的推出也让一部分的微信用户成为短视频用户，如图 7-6 所示。

图 7-6　微信视频号

在笔者看来，运营者在尝试运营账号时，首先需要做的就是短视频定位。也就是说要为短视频运营确定一个方向，为内容发布指明方向。那么如何进行定位呢？笔者认为可以从以下 6 个方面进行思考。

1. 根据用户需求定位

通常来说，用户需求大的内容更容易受到欢迎，因此结合用户的需求进行定位是一种不错的定位方法。

部分女性都有化妆的习惯，但又觉得自己的化妆水平不太高，因此她们通常会对美妆类内容比较关注。在这种情况下，短视频运营者如果对美妆内容比较擅长，那么将账号定位为美妆号就比较合适了。

例如，某运营者的化妆技术较好，再加上许多抖音用户对美妆类内容比较感兴趣，因此，她将抖音账号定位为美妆类账号，并持续为用户分享美妆类内容。图 7-7 所示为该运营者发布的相关短视频。

图 7-7　美妆类短视频

另外，有些用户比较喜欢做菜，他们会从短视频中寻找一些新菜肴的制作方法。因此，如果运营者自身就是厨师，或者会做的菜肴比较多，或者特别喜欢制作美食，那么就可以将账号定位为美食制作分享账号，从而吸引喜欢做菜的用户关注你的短视频账号。

例如，某运营者将自己的抖音号定位为美食制作分享的账号。在该账号中，运

营者会通过视频将一道道菜从选材到制作的过程进行全面呈现，如图 7-8 所示。因为该账号分享的视频将制作过程进行了比较详细的展示，再加上许多菜肴都是用户想要学习的，所以其发布的视频内容就很容易获得较高的播放量和点赞量。

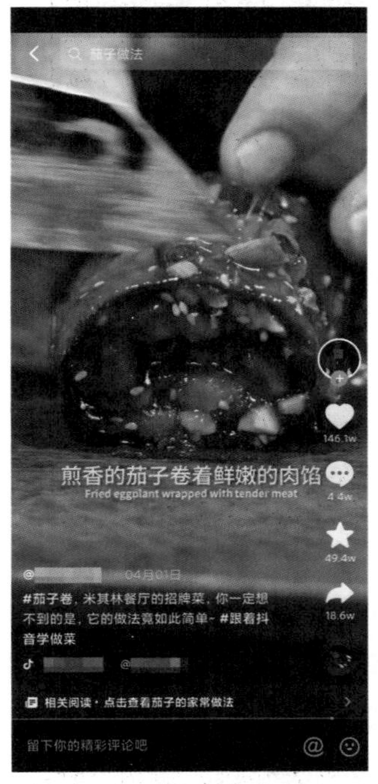

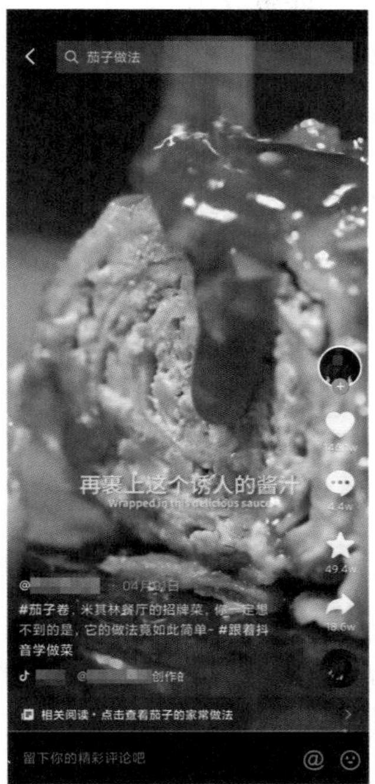

图 7-8　美食制作类短视频

2. 根据自身专长定位

对于自身具有专长的人来说，根据自身专长做定位是一种最为直接和有效的定位方法。运营者只需对自己或团队成员进行分析，然后选择某个或某几个专长进行账号定位即可。

为什么要选取自身专长作为账号定位？如果你今天分享视频营销内容，明天分享社群营销内容，那么关注视频营销内容的人可能会取消关注，因为他们不喜欢你分享的社群营销内容，反之亦然。运营者的账号定位越精准、越垂直，粉丝越精准，变现越轻松，获得的精准流量就越多。

例如，某运营者擅长舞蹈，拥有曼妙的舞姿，因此她将自己的账号定位为舞蹈作品分享类账号。在这个账号中，该运营者分享的舞蹈类视频让他快速积累了大量粉丝。

又如，某运营者原本就是一位拥有动人嗓音的歌手，所以她将自己的抖音账号定位为音乐作品分享类账号。她通过该账号分享了自己的原创歌曲和当下的一些热门歌曲，如图 7-9 所示。

图 7-9　歌曲类抖音短视频

自身专长包含的范围很广，除了唱歌、跳舞等才艺之外，还包括其他诸多方面，游戏玩得出色也是一种专长。例如，某运营者很喜欢玩某款游戏，于是将其账号定位为游戏类账号，其发布的短视频吸引了大量爱玩游戏的用户，如图 7-10 所示。

图 7-10　游戏类短视频

由此不难看出，只要运营者或其团队成员拥有某项专长，而这项专长的相关内容又比较受欢迎，那么将该专长作为账号的定位，便是一种不错的定位方法。

3. 根据用户数据定位

在做用户定位时，运营者可以从性别、年龄、地域分布和星座分布等方面分析目标用户，了解平台的用户画像和人群特征，并在此基础上更好地做出针对性的运营策略和精准营销。

在了解用户画像情况时，可以适当地借助一些分析软件。例如，可以在“蝉妈妈”网页版中对用户画像进行了解，具体步骤如下。

步骤 01 在电脑浏览器中输入并搜索“蝉妈妈”，单击蝉妈妈官网链接，进入蝉妈妈首页界面，如图 7-11 所示。

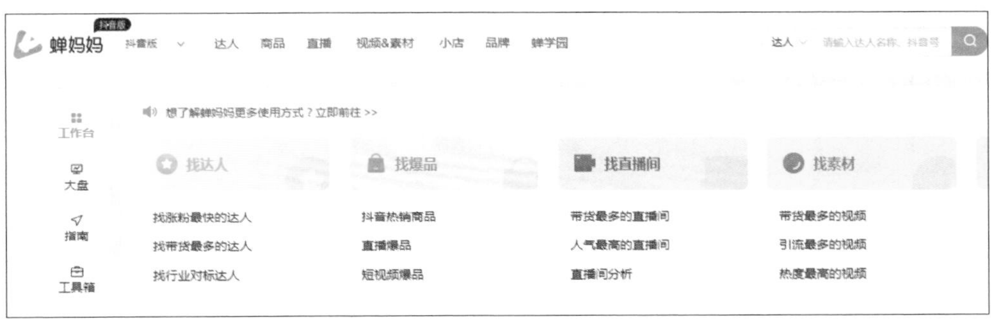

图 7-11　“蝉妈妈”首页界面

步骤 02 ❶ 在右上方的搜索框中输入相应的达人名称；❷ 单击右侧的搜索图标 ，如图 7-12 所示。这里以抖音号“手机摄影构图大全”为例，进行详细说明。

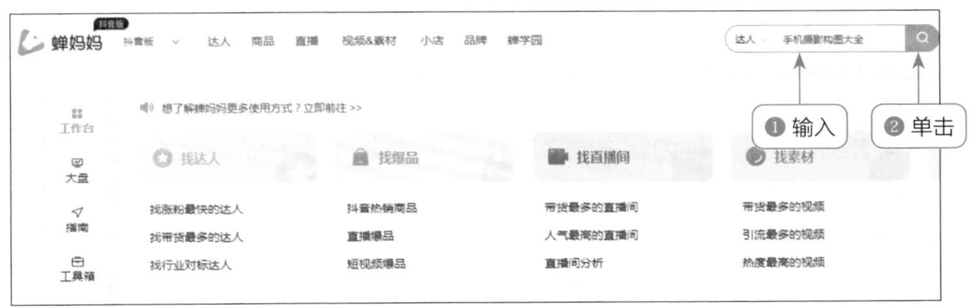

图 7-12　单击搜索图标

步骤 03 执行操作后，在搜索结果中单击相应的达人，进入达人详情界面，即可查看该抖音号的相关情况，如图 7-13 所示。

图 7-13　进入达人详情界面

步骤 04 向上滑动页面，单击“粉丝分析”按钮，即可默认查看“账号粉丝”中的“画像概览”“性别分布”等数据，如图 7-14 所示。

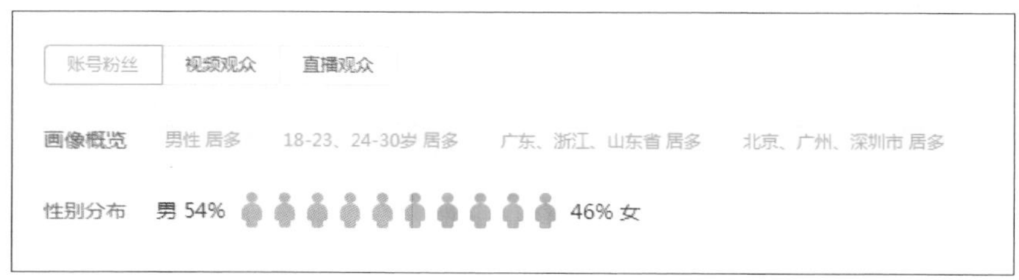

图 7-14　查看“粉丝分析”数据

另外，运营者还可以切换至“视频观众”和“直播观众”查看达人的相应数据。

4. 根据内容类型定位

内容定位就是确定账号的内容方向，并据此进行内容的生产。通常来说，运营者在做短视频的内容定位时，只需结合账号定位确定需要发布的内容即可。例如，抖音号“手机摄影构图大全”是做手机摄影构图类的账号，所以该账号发布的内容以手机摄影构图视频为主。

运营者确定了账号的内容方向之后，便可以根据该方向进行短视频内容的生产了。当然，在运营的过程中内容生产也是有技巧的。具体来说，运营者在生产内容时，可以运用以下技巧，轻松打造持续性的优质内容，如图 7-15 所示。

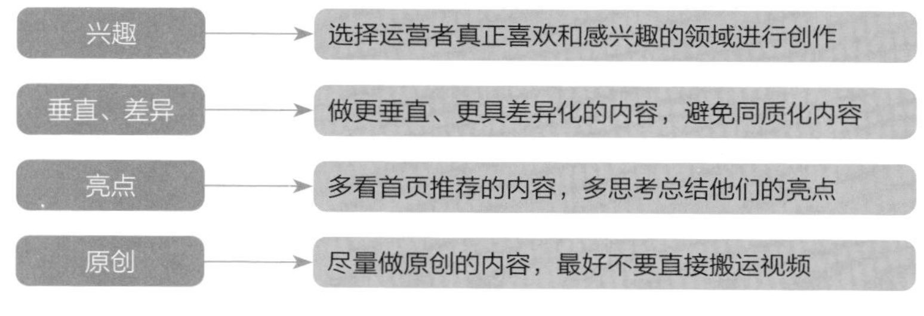

图 7-15　生产内容的技巧

5. 根据品牌特色定位

许多企业和品牌在长期的发展过程中可能已经形成了自身的特色。此时如果根据这些特色进行定位，通常会比较容易获得用户的认同。根据品牌特色做定位又可以细分为两种方法：一是以能够代表企业的卡通形象做账号定位，二是以企业或品牌的业务范围做账号定位。

某奶茶品牌就是一个以代表企业的卡通形象做账号定位的抖音号。这个抖音号经常会分享一些视频，而视频中则会将雪王的卡通形象作为主角打造内容，如图 7-17 所示。

图 7-16　某奶茶品牌的快手短视频

熟悉该奶茶品牌的人群，都知道这个品牌的卡通形象和 Logo 是短视频中的雪王。因此，该抖音号的短视频便具有自身的品牌特色，而且这种通过卡通形象进行的表达还会更容易被人记住。

6. 根据内容稀缺度做定位

运营者可以从短视频平台中相对稀缺的内容出发，进行账号定位。除了平台上本来就稀缺的内容之外，运营者还可以通过自身的内容展示形式，让自己的内容甚至是账号具有一定的稀缺性。

7.1.7 画像：分析用户的具体特征

在目标用户群体定位方面，抖音定位于一、二线城市的年轻人，快手则主要定位于三、四线城市及农村用户，致力于为普通群众提供发声的渠道。抖音在刚开始推出时，市场上已经有很多的同类短视频产品了，为了避开与它们的竞争，抖音选择在用户群体定位上做了一定的差异化策划，选择了同类产品还没有覆盖的那些群体。

虽然同为短视频应用，快手和抖音的定位完全不一样。抖音的红火靠的就是马太效应——强者恒强，弱者愈弱。也就是说，在抖音上，本身流量就大的网红和明星可以通过官方支持获得更多的流量和曝光，而对于普通用户而言，获得推荐和上热门的机会就少得多。

快手的创始人曾表示："我就想做一个普通人都能平等记录的好产品。"这恰好就是快手的核心逻辑。

下面主要从年龄占比、用户数量、性别比例和地域分布 4 个方面分析抖音和快手的用户定位，帮助运营者更好地做出有针对性的运营策略。

1. 年龄占比不同

图 7-17 所示为 2021 年 4 月快手与抖音平台直播用户年龄占比的相关数据。可以看出两个平台的 24 岁以下和 25~30 岁的用户占比均超过了 50%，在 31~40 岁和 41 岁以上的用户占比上，快手为 22.5%，抖音为 18.1%，说明在这两个平台中观看直播的人群的年龄更偏向年轻化。

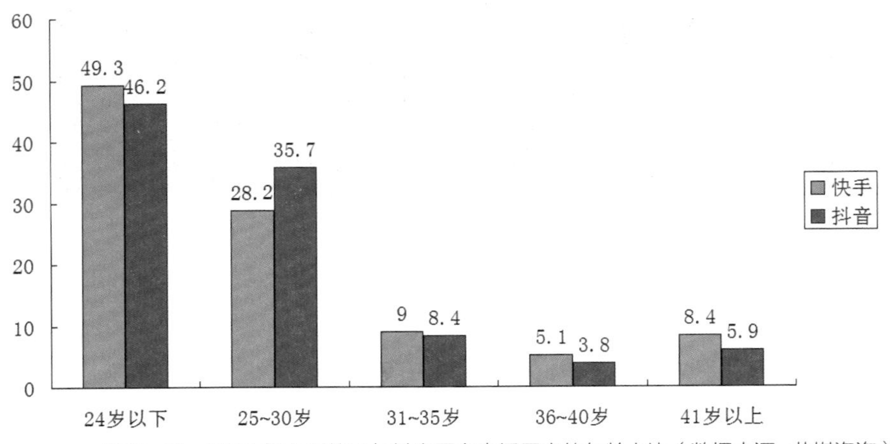

图 7-17 2021 年 4 月快手与抖音平台直播用户的年龄占比（数据来源：艾媒咨询）

2. 用户数量不同

月活跃用户数量是衡量一款产品用户黏性的重要指标。截至 2022 年 3 月，抖音以 6 亿多的月活跃用户数量稳居短视频 App 行业的首位，而快手以 4 亿多的月活跃用户位数量位居第二。图 7-18 所示为抖音和快手平台的月活跃用户数量。

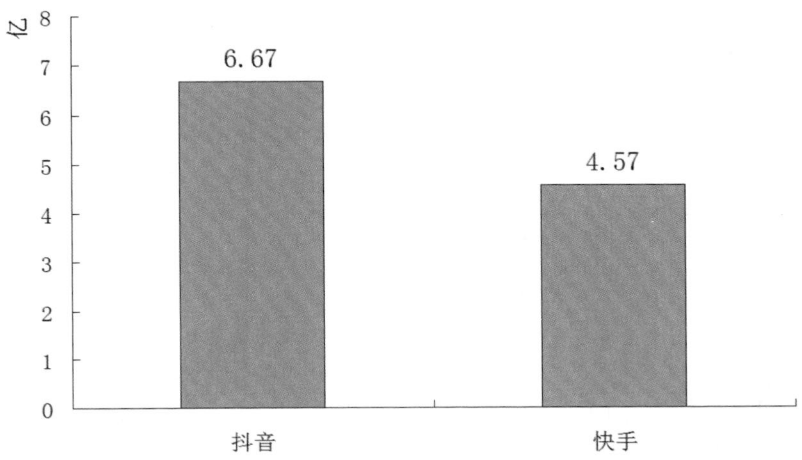

图 7-18　快手和抖音平台的月活跃用户数量（数据来源：易观分析）

3. 性别比例不同

图 7-19 所示为 2021 年不同性别用户使用短视频平台的对比。从图中可以看出，使用抖音的男用户女用户均为最多，快手其次，而使用抖音火山版的最少。

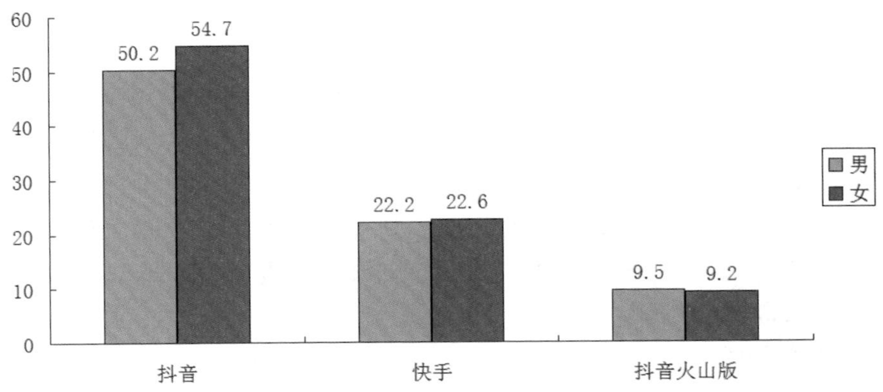

图 7-19　2021 年不同性别用户使用短视频平台对比（数据来源：艾媒咨询）

4. 地域分布不同

抖音从一开始就将目标用户群体指向了一、二线城市，从而避免了激烈的市场竞争，同时也占据了很大一部分的市场份额。而快手本身就是起源于普通群众，其三线及三线城市以下的用户数量占比更高。

专家提醒

需要注意的是，本书借助了多个互联网数据平台的统计报告对快手和抖音用户进行分析，各个平台之间的数据会有所差异，但整体趋势差别不大，仅供参考。

7.2 内容：持续输出优质内容

做短视频的运营，本质上还是做内容运营，那些能够快速涨粉和变现的运营者，都是靠优质的内容来实现的。

通过内容吸引的粉丝，都是对运营者分享的内容感兴趣的人群，这种人群更加精准。因此，内容是运营短视频的核心所在，同时也是账号获得平台流量的核心因素。如果平台不推荐，那么你的账号和内容流量就会寥寥无几。

对于做短视频运营来说，内容就是王道，而内容定位的关键就是用什么样的内容来吸引什么样的群体。本节将介绍短视频的内容定位技巧，帮助运营者找到一个特定的内容形式，实现快速引流和变现。

7.2.1 痛点：吸引精准人群

在短视频平台上，运营者不能简单地去模仿和跟拍热门视频，而是要必须找到能够带来精准人群的内容，从而帮助自己获得更多的粉丝，这就是内容定位的要点。内容不仅可以直接决定账号的定位，还可以决定账号的目标人群和变现能力。因此，做内容定位时，不仅要考虑引流涨粉的问题，同时还要考虑持续变现的问题。

运营者在做内容定位的过程中，要清楚一个非常重要的要素——这个精准人群有哪些痛点、需求和问题？

1. 什么是痛点

痛点是指短视频观众的核心需求，是运营者必须为他们解决的问题。对于用户的需求问题，运营者可以去做一些调研，最好是采用场景化的描述方法。场景化就是指具体的应用场景。痛点其实就是人们日常生活中的各种不便，运营者要善于发现痛点，并帮助用户解决这些问题。

2. 挖掘痛点的作用

找到目标人群的痛点，对于运营者而言，主要有两个方面的好处，如图 7-20 所示。

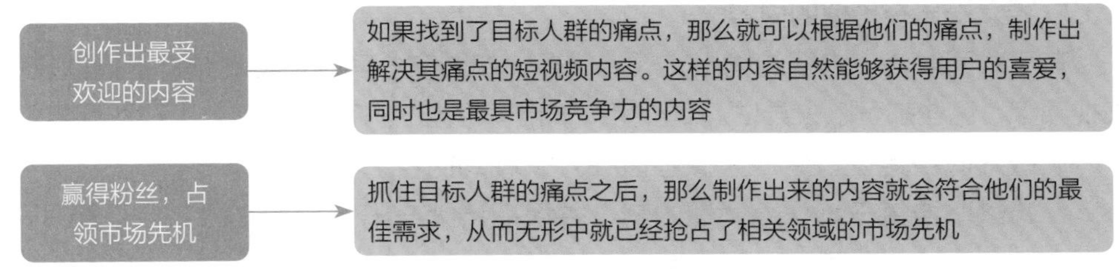

图 7-20　找到目标人群痛点的好处

对于运营者来说，如果想要打造爆款内容，那么就需要清楚自己的粉丝群体最想看的内容是什么，这也就是抓住目标人群的痛点，然后就可以根据他们的痛点来生产内容。

7.2.2　换位：找到用户的关注点

对于短视频的用户来说，他们越缺什么，就会越关注什么，而运营者只需要找到用户的关注点去制作内容，这样的内容就更受欢迎。只要运营者敢于在内容上下功夫，根本不愁没有粉丝和流量。但是，如果运营者一味地在打广告上下功夫，则可能会被用户讨厌。

在一个短视频内容中，能戳中用户内心的点往往就那么几秒钟，也许这就是所谓的“一见钟情”。运营者要记住一点，在短视频平台上涨粉只是一种动力，能够让自己更有信心地在这个平台上做下去、给自己带来动力的是吸引到精准粉丝，让他们持续关注自己的内容。

不管运营者处于什么行业，只要能够站在用户的角度去思考，从而进行内容定位，将自己的行业经验分享给用户，那么这种内容的价值就非常大了。

7.2.3　输出：基于自己的特点

在短视频平台上输出内容，是一件非常简单的事情，但是要想输出有价值的内容并获得用户的认可，这就有难度了。特别是如今各种短视频内容创作者多如牛毛，越来越多的人参与其中。那么到底如何才能找到适合的内容去输出呢？怎样提升内容的价值呢？下面介绍具体的方法。

1. 选择合适的内容输出形式

当运营者在行业中积累了一定的经验，有了足够优质的内容之后，就可以去输出这些内容。

如果擅长写作，可以写文案；如果声音不错，可以通过音频去输出内容；如果镜头感比较好，则可以去拍一些真人出镜的短视频内容等。通过选择合适的内容输出形式，即可在比较短的时间内成为这个领域中的佼佼者。

2. 持续输出有价值的内容

在互联网时代，内容的输出方式非常多，如图文、音频、短视频、直播以及中长视频等，这些都可以去尝试。对于持续输出有价值的内容，笔者有以下个人建议。

- 做好内容定位，专注于做垂直细分领域的内容。
- 始终坚持每天创作高质量内容，并保证持续产出。
- 发布比创作更重要，要及时将内容发送到平台上。

如果运营者只创作内容，而不输出内容，那么这些内容就不会被人看到，也没有办法通过内容来影响别人。

总之，运营者要根据自己的特点去生产和输出内容，最重要的一点就是要持续不断地输出内容。因为只有持续输出内容，才有可能建立自己的行业地位，成为所在领域的信息专家。

7.2.4 标准：短视频内容定位

对于短视频的内容定位而言，内容最终是为用户服务的。要想得到用户的关注、点赞和转发，这个内容就必须满足他们的需求。要做到这一点，内容定位还需要符合一定的标准，如图 7-21 所示。

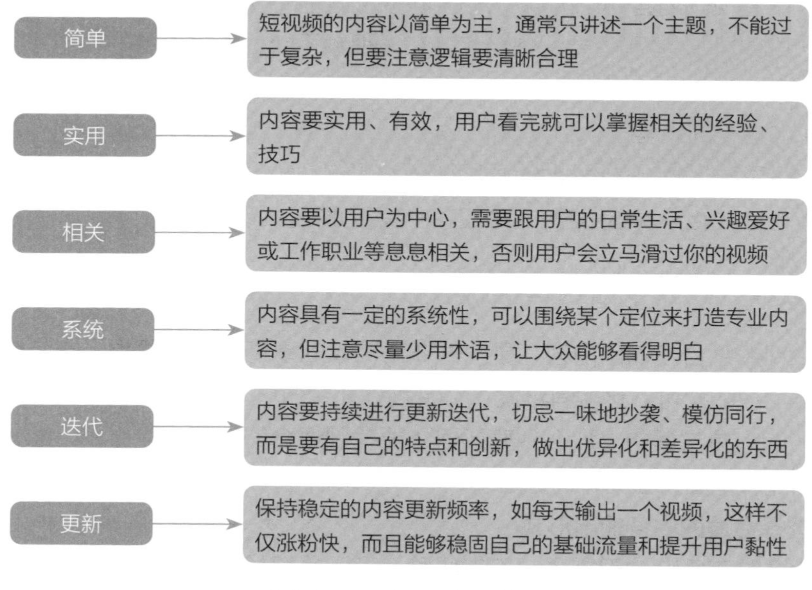

图 7-21　内容定位的 6 个标准

7.2.5 规则：爆款视频的内容定位

短视频平台上的大部分爆款内容，都是经过精心策划的，因此内容定位也是成就爆款内容的重要条件。运营者需要让内容始终围绕定位来进行策划，保证内容的方向不会产生偏差。

在进行内容定位规划时，运营者需要注意以下几个规则。

（1）选题有创意。内容的选题尽量独特、有创意，同时要建立自己的选题库和标准的工作流程，这样不仅可以提高作品创作的效率，还可以刺激用户持续观看的欲望。例如，运营者可以多收集一些热点并加入选题库中，然后结合这些热点来创作内容。

（2）剧情有落差。短视频通常需要在短短 15s 内将大量的信息清晰地叙述出来，因此内容通常都比较紧凑。尽管如此，运营者还是要脑洞大开，在剧情上安排一些高低落差，来吸引用户的眼球。

（3）内容有价值。不管是哪种类型的内容，都要尽量给用户带来价值，让用户值得付出时间成本来看完你的内容。例如，做搞笑类的短视频，要能够给用户带来快乐；做美食类的视频，要让用户产生食欲或有实践的想法等。

（4）情感有对比。内容可以源于生活，采用一些简单的拍摄手法来展现生活中的真情实感，同时加入一些情感的对比，这样反而更容易打动用户，主动带动用户的情绪和气氛。

（5）时间有把控。运营者需要合理地安排短视频的时间节奏，以抖音默认的 15s 短视频为例，这是因为这个时长的短视频是最受用户喜欢的，而短于 7s 的短视频不会得到系统推荐，长于 30s 的视频用户又很难坚持看完。

7.3 设置：让你的账号脱颖而出

各种短视频平台上的运营者何其多，那么如何让你的账号从众多同类账号中脱颖而出，快速被用户记住呢？其中一种方法就是通过账号信息的设置，做好平台的基础搭建工作，同时为自己的账号打上独特的个人标签。

7.3.1 名字：账号名字的设置技巧

账号名字需要有特点，而且最好和账号定位相关，基本原则如下。

（1）好记忆：名字不宜太长，太长的话，用户不容易记忆，通常为 3~5 个字即可。

（2）好理解：账号名字可以跟自己的领域相关，或者能够体现身份价值，同时注意避免使用生僻字，通俗易懂的名字更容易被接受。

（3）好传播：账号名字还要有一定的意义，并且易于传播，能够给人带来深刻的印象，这有助于增加账号的曝光度。

专家提醒

账号名字也可以体现出运营者的人设感，即看见名字就能联系到他的人设。人设包括姓名、年龄、身高等人物的基本设定，以及企业、职位和成就等背景设定。

7.3.2 头像：账号头像的设置技巧

账号头像也需要有特点，可以展现自己最美的一面，或是展现企业的良好形象。注意，领域不同，头像的侧重点也就不同。同时，账号头像辨识度越高，越容易让用户记住你的账号。

从图 7-22 可以看出“手机摄影构图大全”的抖音号头像使用的是世界名画《蒙娜丽莎》，同时还加入了黄金构图线的元素，进一步点明了该账号的定位。

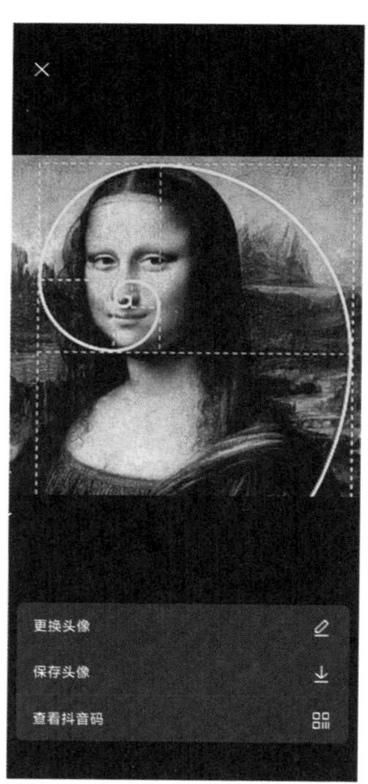

图 7-22 “手机摄影构图大全”的抖音号头像

在设置账号头像时，还需要掌握一些基本技巧，具体如下。

（1）账号头像的画面一定要清晰。

（2）个人账号可以使用自己的肖像作为头像，能够让用户快速记住你的容貌。

（3）企业账号可以使用主营产品、企业名称或 Logo 等标志作为头像。

7.3.3　简介：账号简介的设置技巧

对于短视频账号来说，简介通常以简单明了为主，主要原则是“描述账号 + 引导关注”，基本设置技巧如下。

（1）前半句描述账号的特点或功能，后半句引导关注。

（2）明确告诉用户自己的内容领域或范畴，如图 7-23 所示。

（3）可以在简介中巧妙地推荐其他账号，如图 7-24 所示。

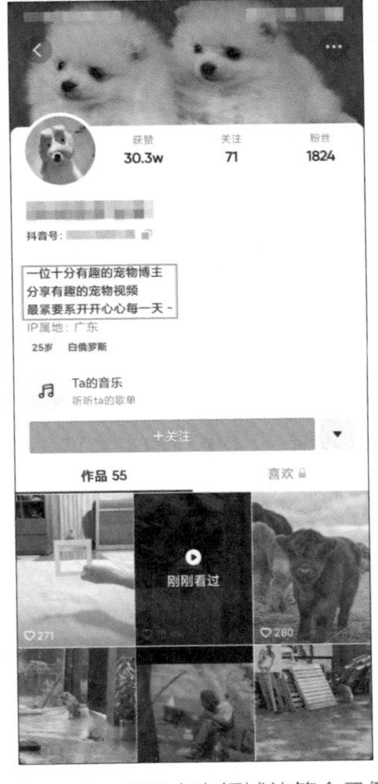

图 7-23　展示内容领域的简介示例

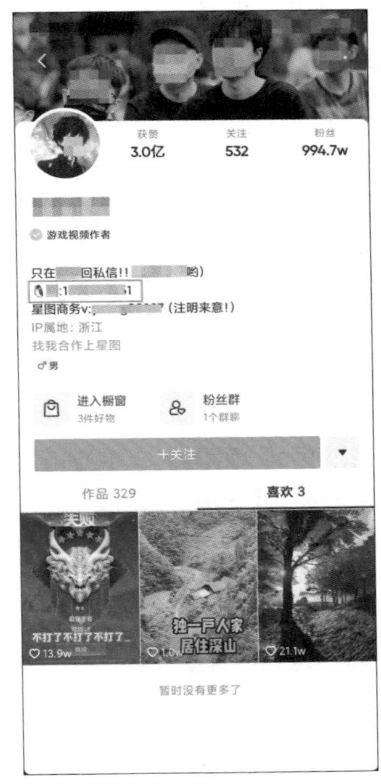

图 7-24　推荐其他账号的简介示例

专家提醒

账号简介的内容要简要，告诉用户你的账号是做什么的，只需要提取一两个重点内容放在里面即可，同时注意不要有生僻字。

7.4 养号：账号运营的注意事项

在运营短视频的过程中，有一些行为可能会受到降权的处罚。因此在运营过程中，特别是养号期间，一定要尽可能地避免这些行为。本节主要介绍影响短视频权重的 4 种行为。

7.4.1 异常：系统误判非正常运营

养号阶段最好不要频繁地更改账号的相关信息，否则，系统可能会判断你的账号为非正常运营。另外，每次修改信息之后要进行人工审核，这样还会增加短视频平台相关人员的工作量。

当然，在一些特殊情况下，修改账号信息还是有必要的。

（1）注册账号时，为了通过审核，必须要对账号的相关信息进行修改。

（2）系统消息告知你的账号信息中存在违规信息，为了账号能够正常运营，此时就有必要根据相关要求进行相应的修改。

7.4.2 发布：短视频的质量要高

养号期间，短视频平台会重新审核该账号权重，此时最好不要随意发布视频。因为如果新发布视频的各项数据都不高，那么短视频平台就会认为视频质量较差，从而对该账号进行降权处理。

因此，在养号期间，运营者要重点发布一些优质的内容，让系统认为你是一个优质的创作者。例如，某抖音账号在刚开始建号时，发布的某一条视频点赞数达到了 61.3 万次，评论有 1.9 万条，这对于一个处于养号期间的账号来说已经是非常好的成绩了，如图 7-25 所示。

7.4.3 同城：让系统记住你的位置

养号阶段刷同城推荐内容是很有必要的。刷同城推荐可以让系统记住你的位置和领域，可以为你的账号加权。

哪怕同城上没有同领域的内容，也要刷一刷、看一看。这样做是为了让系统能够记住你的真实位置，避免误判你是一个虚拟机器人的有效操作。因为系统是严格打击机器人操作的，这样做就能有效地避免系统误判。

图 7-25　某抖音账号发布的优质视频

7.4.4　回复：与粉丝积极交流

有的运营者既想要提高账号的活跃度，又不想花费太多时间，于是选择频繁地重复某一行为。比如，有的运营者对他人的视频进行评论时，都是写："真有意思！"需要注意的是，当重复用同一句话评论几十次之后，系统很有可能会认为是机器人在操作这个账号。因此，运营者需要多花点心思，用不同且有意思的内容回复用户评论，提升用户评论的积极性。

例如，某抖音账号的运营者在自己发布的短视频里对每个用户的评论都给予不同的回复，让用户觉得他在很用心且认真地与大家进行交流，因此用户也会更积极地去评论和回复，如图 7-26 所示。

图 7-26　某抖音账号的评论回复

第 8 章

引流：粉丝流量源源不断

对于运营者来说，想要获取可观的收益，关键在于获得足够的流量。那么，该如何实现快速引流呢？本章将从引流的技巧、平台内的引流方式来实现用户的聚合，快速聚集大量用户，实现短视频的高效传播。

8.1 技巧：吸粉引流效率翻倍

经过近几年的持续高速发展，短视频行业的市场规模越来越大，用户越来越多，影响力也越来越大。运营者们怎么可能会放弃这么好的流量池呢？本节将介绍利用短视频平台进行引流的技巧，让运营者效率翻倍，每天都能够轻松引流吸粉无数！

8.1.1 热搜：蹭热点获得高曝光

对于运营者来说，蹭热点已经成为一项重要的技能。运营者可以利用平台的热搜寻找当前的热词，让自己的短视频高度匹配这些热词，以得到更多的曝光。

下面以抖音 App 为例，介绍 4 个利用热搜引流的方法，如图 8-1 所示。

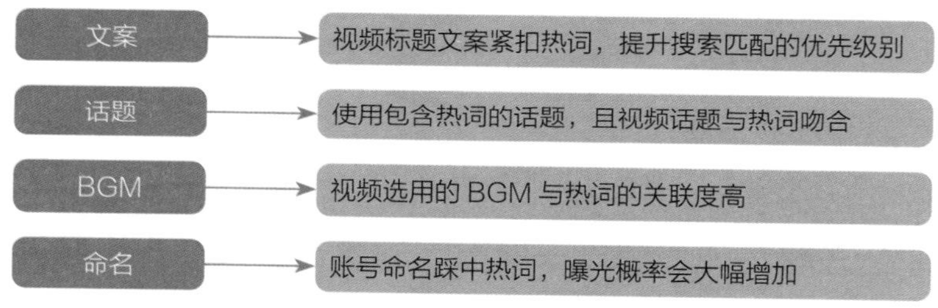

图 8-1　利用抖音热搜引流的方法

8.1.2 原创：获得更多流量推荐

短视频的内容最好是原创的。如果是直接搬运的视频，视频内容不具有稀缺性和新意，那么用户浏览视频和关注账号的可能性就会降低，甚至可能会降低用户对运营者的好感度，引流效果自然也不佳。

因此，对于有短视频制作能力的运营者来说，原创引流是最好的选择。运营者可以把制作好的原创短视频发布到平台上，同时在账号资料部分进行引流，例如，在昵称、个人简介等位置留下联系方式（如微信号）。

以抖音 App 为例，抖音官方鼓励的视频是：场景、画面清晰；记录自己的日常生活，内容健康向上；多人类、剧情类、才艺类、心得分享类、搞笑类等多样化内容，不拘泥于一个风格。抖音账号的运营者在制作原创短视频内容时，可以参考这些原则，让作品获得更多的推荐。

8.1.3　评论：巧妙利用引流话术

愿意在短视频平台的评论区留言的人，一般是短视频平台的忠实用户，且活跃度较高，对视频内容也比较感兴趣。因此，如果运营者能把握机会，适当引流，就会取得不错的引流效果。运营者可以事先编辑好一些引流文案，其中带有相应的联系方式；再在视频的评论区中回复其他人的评论，评论的内容可以直接复制、粘贴引流文案。

笔者将评论热门作品引流的方法分为两种：一种是运营者回复评论法，另一种则是精准粉丝引流法。

回复评论对于引流非常重要。一条视频成为热门视频之后，会吸引许多用户的关注。此时，如果运营者在热门视频中进行评论，且评论内容对其他用户具有吸引力，那些积极评论的用户就会觉得自己的意见得到了重视。这样一来，这部分用户自然更愿意持续关注那些积极回复评论的账号。

不管是在哪一个短视频平台上，用户都会更愿意持续关注尊重自己的账号。如果运营者秉持这个理念，用心去回复评论，自然就可以吸引更多的用户关注自己的账号。

除了在自己的视频评论区中进行引流外，运营者还可以在同行业或同领域的热门视频的评论区中进行引流，即精准粉丝引流法。运营者可以关注同行业或同领域的相关账号，评论他们的热门作品，并在评论中打广告，给自己的账号或者产品引流。例如，做美妆的运营者可以多关注一些护肤、美容的相关账号。

运营者可以到“网红大咖”或者同行发布的短视频评论区进行评论，主要有两种方法。

（1）直接评论热门作品：特点是流量大、竞争大。

（2）评论同行的作品：特点是流量小但是粉丝精准。

例如，做菜肴的运营者，在抖音搜索菜肴的关键词，即可找到很多同行的热门作品。然后利用以上两种方法进行评论。注意，评论的频率不能过高，评论的内容不可以千篇一律，不能带有敏感词等。

8.1.4　私信：增加每一刻的曝光

大部分短视频平台都有“发私信”功能，一些粉丝可能会通过该功能给运营者发信息。运营者应该常关注这一版块，并利用私信回复来进行引流。图 8-2 所示为利用抖音私信消息引流。

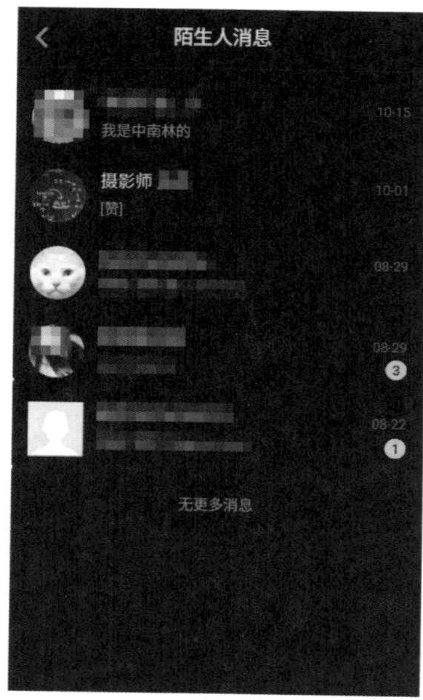

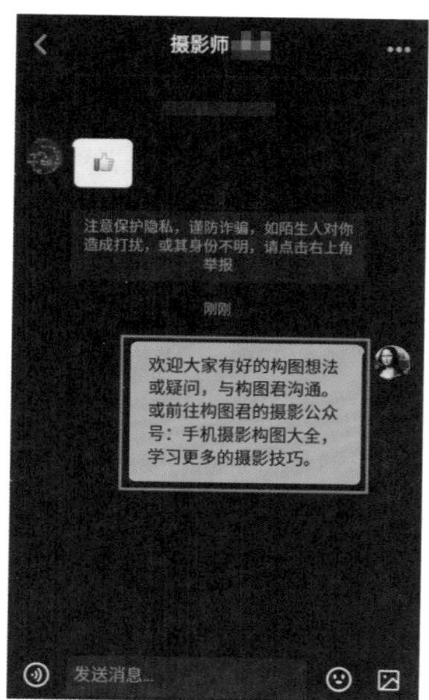

图 8-2 利用抖音私信消息引流

8.1.5 矩阵：明确定位共同发展

矩阵引流是指通过同时做不同的账号运营，来打造一个稳定的粉丝流量池。道理很简单，做一个账号是做，做 10 个账号也是做，同时做可以为运营者带来更多的收获。打造矩阵基本都需要团队的支持，至少要配置两个主播、一个拍摄人员、一个后期剪辑人员和一个营销推广人员，从而保证多账号矩阵的顺利运营。

矩阵引流的好处很多。首先，可以全方位地展现品牌特点，扩大影响力；其次，可以形成链式传播来进行内部引流，大幅度提升粉丝数量。例如，被抖音带火的城市西安，就是在抖音矩阵的帮助下成功的。据悉，西安已经有 70 多个政府机构开通了官方抖音号，这些账号通过互推合作引流，同时搭配 KOL（key opinion leader，关键意见领袖）引流策略，让西安成为了“网红”打卡城市。西安通过打造抖音矩阵大幅度地提升了城市形象，同时也为旅游行业引流。

账号矩阵可以最大限度地降低单账号运营的风险，这和投资理财强调的“不把鸡蛋放在同一个篮子里”的道理是一样的。多个账号一起运营，无论是在做活动时还是在引流吸粉方面，都可以达到很好的效果。但是，在打造账号矩阵时，还有很多注意事项，如图 8-3 所示。

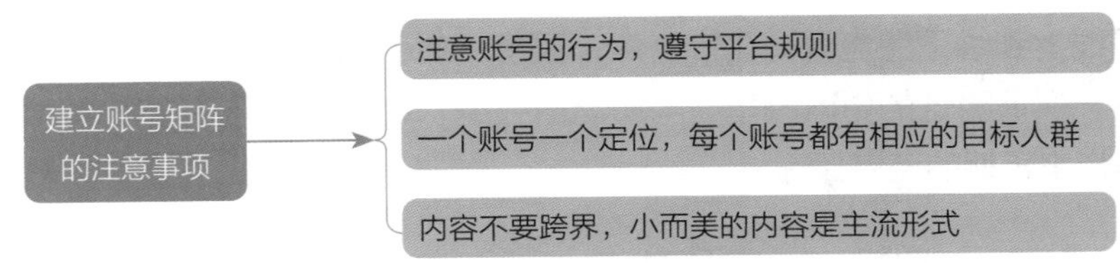

图 8-3　建立账号矩阵的注意事项

这里再次强调账号矩阵中各账号的定位。每个账号角色的定位不能过高或者过低，更不能错位，既要保证主账号的发展，也要让子账号能够得到很好的成长。例如，华为公司的抖音主账号为“华为”，粉丝数量达到了1313.9万，其定位主要是品牌宣传，子账号包括“华为商城”“华为 5G”“华为企业业务”和“华为终端云服务”等，分管不同领域的短视频内容推广引流，如图 8-4 所示。

图 8-4　华为公司的抖音矩阵

8.1.6　线下：为线下实体店引流

短视频平台的引流是多方向的，既可以从平台或跨平台引流到账号本身，也可以将账号引流至其他的线上平台，还可以将账号引流至线下的实体店铺。例如，CoCo 奶茶、宜家冰淇淋等线下店通过抖音吸引了大量粉丝前往消费。

以抖音 App 为例，用抖音给线下店铺引流最好的方式就是开通企业号，利用“认领 POI（point of Interest，兴趣点）地址”功能，在 POI 地址页展示店铺的基本信

息，实现线上到线下的流量转化。当然，要想成功引流，运营者还必须持续输出优质的内容，保证稳定的更新频率，与粉丝多互动，并保证产品的质量，做到这些可以为店铺带来长期的流量保证。

8.1.7 SEO：视频关键词的选择

SEO（search engine optimization，搜索引擎优化）是指通过对内容的优化获得更多流量，从而实现自身的营销目标。

其实，SEO 不只是搜索引擎独有的运营策略，也可以在短视频平台上进行关键词优化。比如，运营者可以通过对短视频的内容运营，实现内容“霸屏”，从而让相关内容获得快速传播。

短视频 SEO 优化的关键就在于视频关键词的选择。而视频关键词的选择又可细分为两个方面，即视频关键词的确定和使用。

1. 视频关键词的确定

用好关键词的第一步就是确定合适的关键词。通常来说，确定视频关键词主要有以下两种方法。

（1）根据内容确定关键词。什么是合适的关键词？笔者认为，它首先应该是与账号的定位以及短视频内容相关的，否则用户即便看到了短视频，也会因为内容与关键词不对应而直接滑过，选取的关键词也就没有什么作用了。

（2）通过预测选择关键词。除了根据内容确定关键词之外，还需要学会预测关键词。用户在搜索时所用的关键词可能会呈现阶段性的变化。

具体来说，许多关键词会随着时间的变化而具有不稳定的升降趋势。因此在选取关键词之前，需要先预测用户搜索的关键词。下面笔者从两个方面分析介绍如何预测关键词。

社会热点新闻是人们关注的重点。当社会新闻出现后，会出现一大波新的关键词，搜索量高的关键词就叫热点关键词。

因此，运营者不仅要关注社会新闻，还要会预测热点，抢占最有利的时间预测出热点关键词，并将其用于短视频中。图 8-5 列出一些预测社会热点关键词的方向。

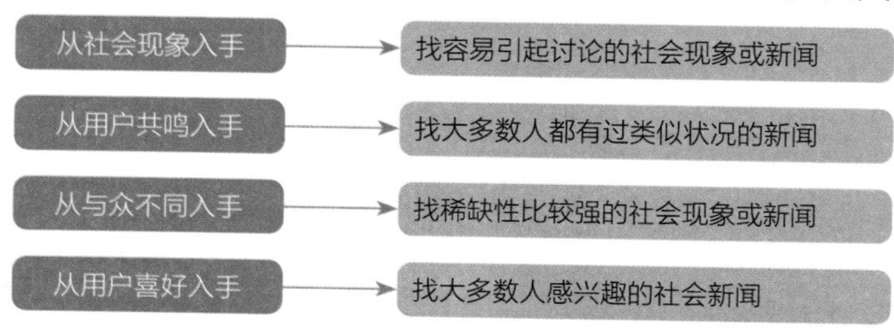

图 8-5 预测社会热点关键词

除此之外，即便搜索同一类物品，用户在不同时间段选择的关键词仍有一定的差异性，也就是说，用户在搜索关键词的选择上可能会呈现出一定的季节性。因此，运营者需要根据季节性，预测用户搜索时可能会选择的关键词。

值得一提的是，关键词的季节性波动比较稳定，主要体现在季节和节日两个方面。以搜索服装类内容为例，用户可能会直接搜索包含四季名称的关键词，如春装、夏装等；也可能会直接搜索包含节日名称的关键词，如春节服装。

运营者除了可以从季节和节日名称方面进行预测，还可以从以下方面进行预测，如图 8-6 所示。

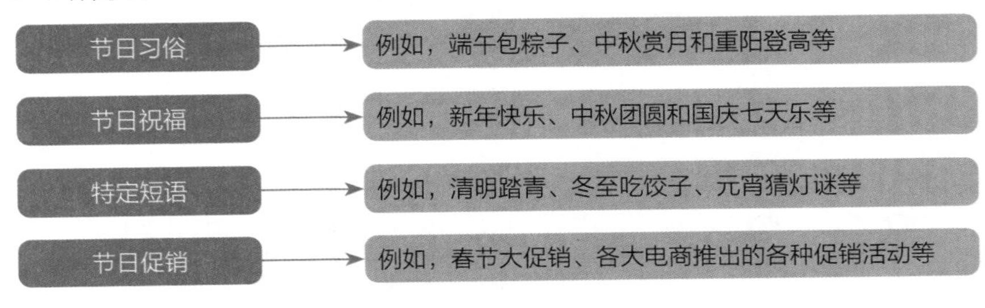

图 8-6　预测季节性关键词

2. 视频关键词的使用

在添加关键词之前，运营者可以通过查看朋友圈动态、微博热点等方式，抓取近期的高频词汇，将其作为关键词嵌入短视频中。需要特别说明的是，运营者统计出关键词后，还需了解关键词的来源，只有这样才能让关键词用得恰当。另外，运营者还需要适当地取舍关键词。

除了选择高频词汇之外，运营者还可以通过在账号的介绍信息和短视频文案中增加关键词使用频率的方式，让内容尽可能地与自身业务直接联系起来，从而给用户一种专业的感觉。

8.1.8　机制：提高短视频的关注量

要想成为短视频领域的超级 IP，首先要让自己的作品火爆起来。如果运营者没有一夜爆火的好运气，就需要脚踏实地地做好自己的短视频内容。当然，很多运营技巧能够帮助运营者提高短视频的关注量，其中平台的推荐机制就是不容忽视的重要环节。

以抖音平台为例，运营者发布到该平台的短视频需要经过层层审核，才能被用户看到，其背后的主要算法逻辑分为 3 个部分，分别为智能分发、叠加推荐和热度加权，如图 8-7 所示。

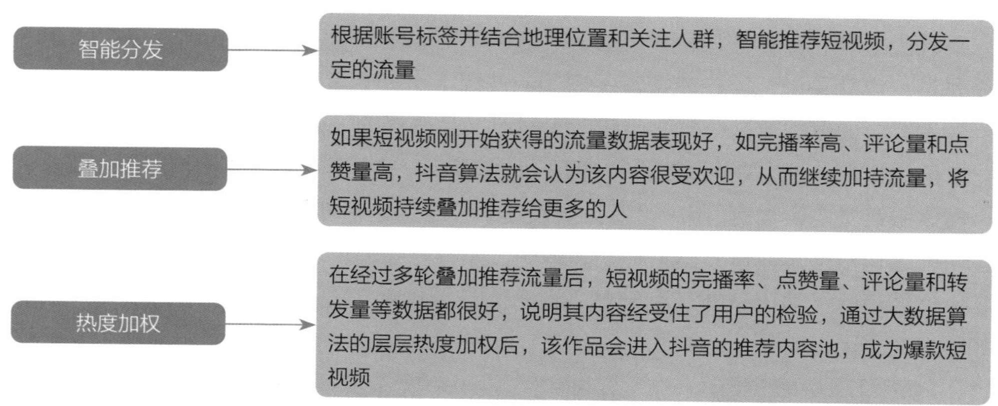

图 8-7　抖音的算法逻辑

8.2　平台：短视频账号的专属流量

除了利用短视频平台为账号引流外，运营者还可以利用其他平台为账号引流。本节将介绍利用分享机制、音乐平台、今日头条 App 和百度平台引流的方法。

8.2.1　分享：获得更多的专属流量

短视频平台一般有“分享”功能，方便运营者或用户对短视频进行分享，扩大视频的传播范围。如果运营者将短视频分享给相对应的群体，就可能会获取更多的播放量和黏性更高的粉丝。因此，运营者需要注意短视频平台的分享机制，确保分享的短视频发挥其最大作用。比如，抖音 App 的内容分享机制进行了重大调整，拥有更好的跨平台引流能力。

此前，将抖音短视频分享到微信或 QQ 后，用户只能收到短视频链接。现在分享到朋友圈、微信好友、QQ 空间，还是 QQ 好友，此时只需点击对应平台的分享按钮，就可以自动跳转到相应的平台上，选择好友发送视频即可实现单条视频的分享，好友点开即可观看视频。

抖音分享机制的改变，无疑是对微信分享限制的一种突破，此举对运营者的跨平台引流和抖音 App 自身的发展都起到了一些推动作用，如图 8-8 所示。

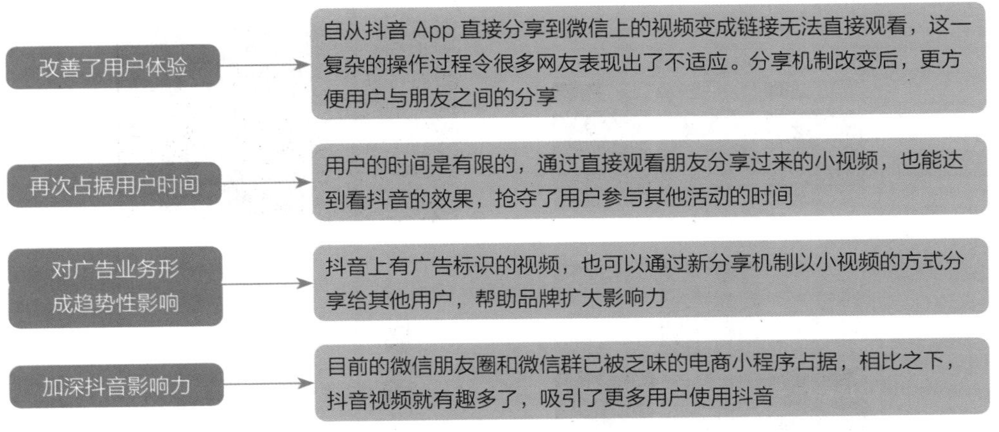

图 8-8　抖音改变分享机制的作用

8.2.2　音乐：目标用户重合度高

短视频与音乐是分不开的，因此运营者还可以借助各种音乐平台来给自己的账号引流，常用的有 QQ 音乐、蜻蜓 FM 和网易云音乐等音乐平台。

音乐和音频的一大特点是，只要听就可以传达消息。也正是因为如此，音乐和音频平台始终都有一定的用户。而对于运营者来说，如果将这些用户好好地利用起来，从音乐和音频平台引流到短视频账号中，便能实现账号粉丝的快速增长。

1. QQ 音乐

QQ 音乐是国内比较具有影响力的音乐平台之一。许多人会将 QQ 音乐 App 作为自己必备的 App 之一。“QQ 音乐排行榜”中设置了“抖快榜”，运营者只需点击进去，便可以看到许多抖音 App 和快手 App 的热门歌曲，如图 8-9 所示。

因此，一些创作型歌手只要在抖音上发布自己的原创作品，且作品在抖音上流传度比较高，这个作品就有可能在“抖快榜”中霸榜。而 QQ 音乐的用户听到之后，就有可能去关注原创作者的账号，可以为原创作者带来不错的流量。

而对于大多数普通运营者来说，虽然自身可能没有独立创作音乐的能力，但也可以将进入“抖快榜”的歌曲作为短视频的背景音乐。因为有的 QQ 音乐用户在听到“抖快榜”中的歌曲后，可能会去短视频平台上搜索相关的内容。如果运营者的短视频将对应的歌曲作为背景音乐，相应的视频便可能会进入这些 QQ 音乐用户的视野。这样一来，运营者借助背景音乐又获得了一定的流量。

图 8-9 “抖快榜”的相关界面

2. 蜻蜓 FM

在蜻蜓 FM 平台上，可以通过搜索栏寻找自己喜欢的音频节目。对此，运营者只需根据自身内容，选择热门关键词作为标题便可将内容传播给目标用户。在蜻蜓 FM 平台搜索“快手”后，出现了多个与之相关的节目，如图 8-10 所示。

图 8-10 蜻蜓 FM 中“快手”的搜索结果

对于运营者来说，利用音频平台来进行账号和短视频的宣传，是一条很好的营销思路。音频营销是一种新兴的营销方式，它是一个主要以音频为内容的传播载体，通过音频节目运营品牌、推广产品。音频营销的特点具体如下。

（1）闭屏特点。闭屏的特点是能让信息更有效地传递给用户，这对品牌和产品推广营销而言更有价值。

（2）伴随特点。相比视频、文字等载体而言，音频具有独特的伴随属性，它不需要视觉上的精力，只需双耳在闲暇时收听即可。

蜻蜓 FM 是一款强大的广播收听应用，用户可以通过它收听国内外等数千个广播电台。相比其他音频平台，蜻蜓 FM 具有的功能特点如图 8-11 所示。

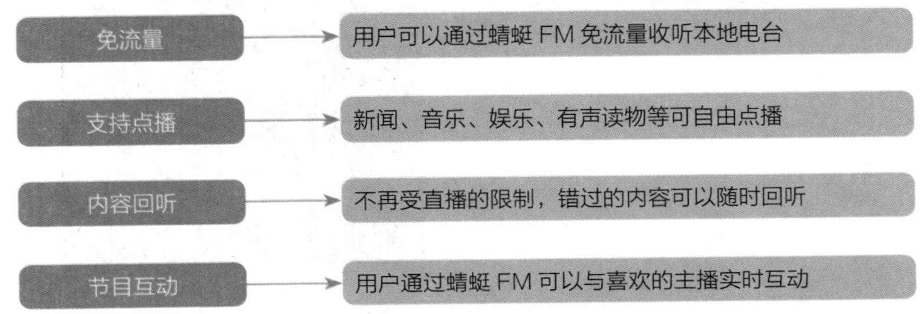

图 8-11　蜻蜓 FM 的功能特点

运营者应该充分利用用户对时间和知识碎片化的需求，通过音频平台来发布产品信息广告，音频广告的营销效果相比于其他形式的广告要好，而且对于听众群体的广告投放更为精准。另外，音频广告的运营成本也比较低廉，所以十分适合本地中小企业长期推广。

3. 网易云音乐

网易云音乐是一款专注于发现与分享的音乐产品，依托专业音乐人、DJ（disc jockey，打碟工作者）、好友推荐及社交功能，为用户打造全新的音乐生活。网易云音乐的目标用户是有一定音乐素养的较高教育水平、较高收入水平的年轻人，这和短视频的目标用户重合度非常高。因此，网易云音乐成为短视频引流的最佳音乐平台之一。

运营者可以利用网易云音乐的音乐社区和评论功能，对自己的账号进行宣传推广。例如，运营者可以在歌曲的评论区进行点评，并附上自己的账号信息。需要注意的是，运营者的评论一定要贴合歌曲，并且能引起共鸣，引流才能成功。

8.2.3　今日头条：推广账号成功引流

今日头条 App 是一款基于用户数据行为的推荐引擎产品，同时也是短视频内容发布和变现的一个大好平台，可以为用户提供较为精准的信息内容。虽然今日头条在短视频领域布局了 3 款独立产品（西瓜视频、抖音短视频和抖音火山版），但同时也在自身的 App 上推出了短视频功能。

运营者可以通过今日头条平台发布短视频，从而达到引流的目的，下面介绍具体的操作方法。

步骤 01 登录今日头条 App，点击右上角的“发布”按钮，在弹出的界面中点击“视频”按钮，如图 8-12 所示。

步骤 02 进入视频选择界面，选择需要发布的视频，❶预览选择的视频；❷点击“下一步”按钮，如图 8-13 所示。

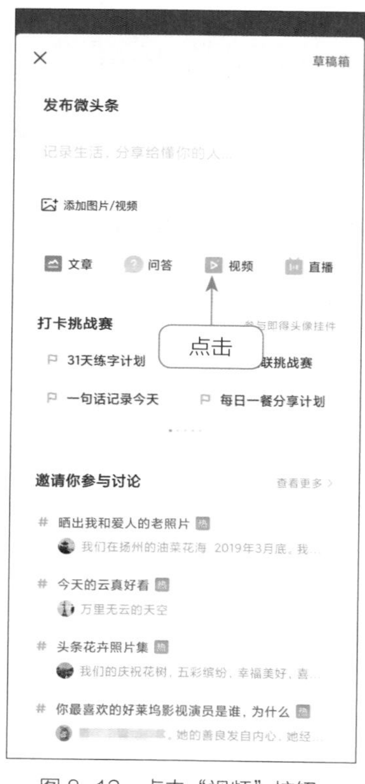

图 8-12　点击“视频”按钮

图 8-13　点击“下一步”按钮

步骤 03 执行操作后，进入相应界面，❶编辑相关信息和对封面进行设置；❷点击“发布”按钮，如图 8-14 所示。

步骤 04 执行操作后，运营者可以切换至“我的”界面，点击“更多服务”按钮，进入相应界面，即可在“我的作品”选项区中查看视频的状态，如图 8-15 所示。

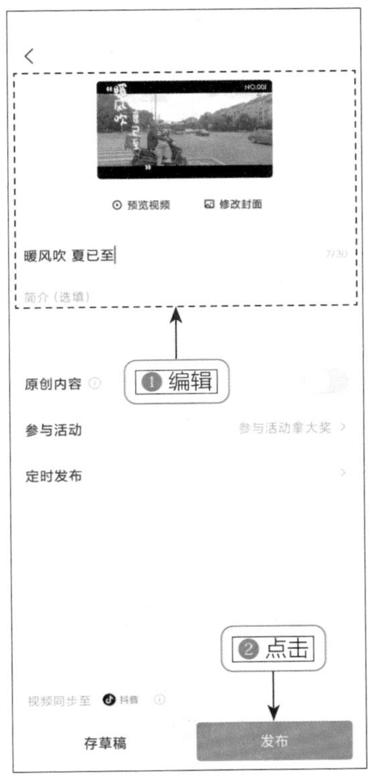

图 8-14　点击“发布”按钮

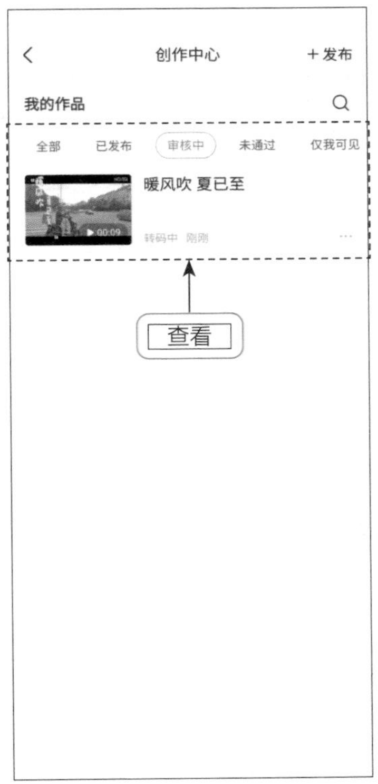

图 8-15　查看视频状态

8.2.4　百度：3 个平台同时切入

作为国内网民经常使用的搜索引擎之一，百度毫无悬念地成为互联网 PC 端强劲的流量入口。具体来说，运营者借助百度推广引流主要可从百度百科、百度知道和百家号这 3 个平台切入。

下面分别对这 3 个平台进行解读。

1. 百度百科

百科词条是百科营销的主要载体，做好百科词条的编辑对运营者来说至关重要。百科平台的词条信息有多种分类，但对于运营者引流推广而言，主要的词条形式包括 4 种，具体如下。

（1）行业百科。运营者可以以行业领头人的姿态，参与到行业词条信息的编辑中，为想要了解行业信息的用户提供相关行业知识。

（2）企业百科。运营者所在企业的品牌形象可以通过百科进行表述，如奔驰、宝马等汽车品牌在这方面就做得十分成功。

（3）特色百科。特色百科涉及的领域十分广阔，如名人可以参与自己相关词条的编辑。

（4）产品百科。产品百科是用户了解产品信息的重要渠道，能够起到宣传产品，甚至是促进产品使用和产生消费的作用。

在编辑百科词条时需要注意，百科词条是客观内容的集合，只站在第三方立场以事实说话，描述事物时以事实为依据，不加入感情色彩，不能有过于主观性的评价式语句。

对于运营者引流推广而言，相对比较合适的词条形式无疑是企业百科。图 8-16 所示为百度百科中关于“华为手机”的相关内容，采用的便是企业百科的形式。

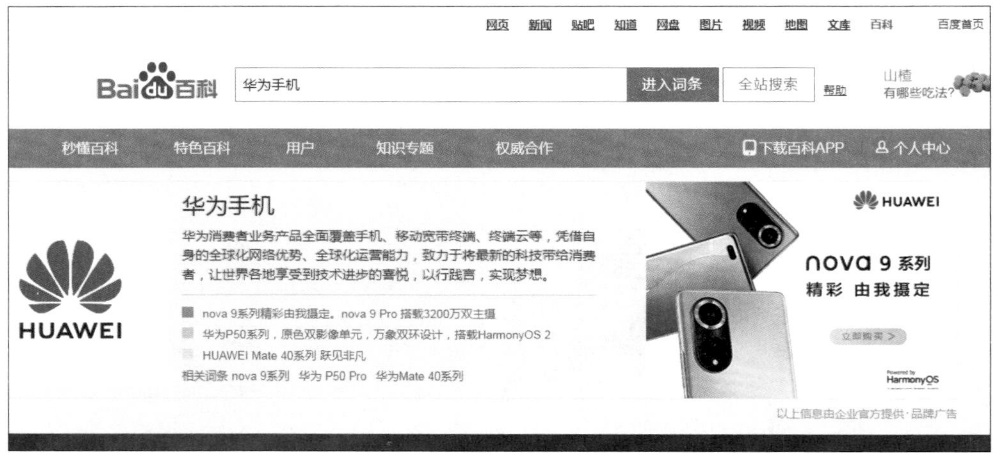

图 8-16 “华为手机”的企业百科

2. 百度知道

百度知道在网络营销方面具有很好的信息传播和推广作用，利用百度知道平台通过问答的社交形式，可以对运营者快速、精准地定位客户提供很大的帮助。

基于百度知道而产生的问答营销，是一种新型的互联网互动营销方式，问答营销既能为运营者植入软性广告，也能通过问答来挖掘潜在用户。图 8-17 所示为关于“小米手机”的相关问答信息。

这个问答信息中，不仅增加了“小米手机”在用户心中的认知度，更重要的是对小米手机的信息进行了详细的介绍。而看到该问答之后，部分用户便会对小米这个品牌产生一些兴趣，这无形之中便为该品牌带来了一定的流量。百度知道在营销推广上具有两大优势，即精准度和可信度高。这两种优势能形成口碑效应，增强网络营销推广的效果。

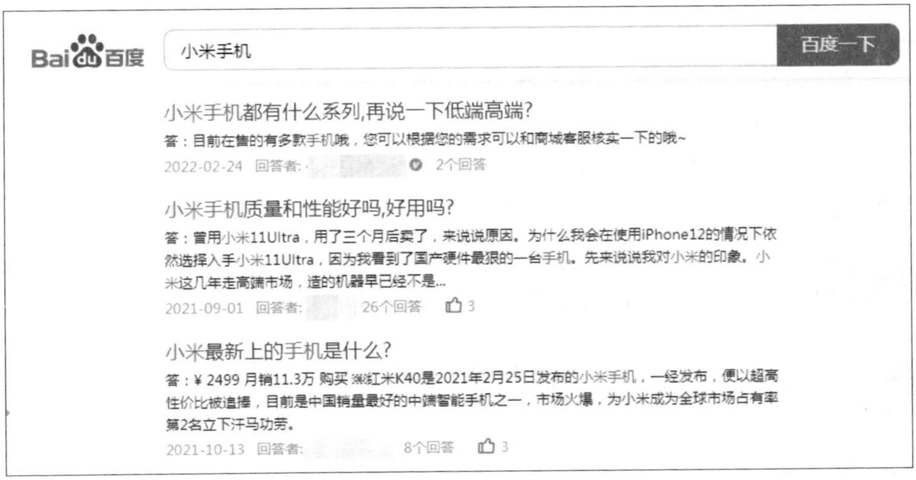

Baidu百度　小米手机　百度一下

小米手机都有什么系列,再说一下低端高端?

答：目前在售的有多款手机哦，您可以根据您的需求可以和商城客服核实一下的哦~

2022-02-24　回答者:　2个回答

小米手机质量和性能好吗,好用吗?

答：曾用小米11Ultra，用了三个月后卖了，来说说原因。为什么我会在使用iPhone12的情况下依然选择入手小米11Ultra，因为我看到了国产硬件最狠的一台手机。先来说说我对小米的印象。小米这几年走高端市场，造的机器早已经不是...

2021-09-01　回答者:　26个回答　3

小米最新上的手机是什么?

答：¥ 2499 月销11.3万 购买 红米K40是2021年2月25日发布的小米手机，一经发布，便以超高性价比被追捧，目前是中国销量最好的中端智能手机之一，市场火爆，为小米成为全球市场占有率第2名立下汗马功劳。

2021-10-13　回答者:　8个回答　3

图 8-17　“小米手机”在百度知道中的相关问答信息

3．百家号

百家号是百度于 2016 年 9 月正式推出的一个自媒体平台。运营者入驻百度百家平台后，可以在该平台上发布文章，然后平台会根据文章阅读量的多少给予运营者收入，与此同时百家号还以百度新闻的流量资源作为支撑，帮助运营者进行文章推广、扩大流量。

百家号上涵盖的新闻一共有五大模块，即科技版、影视娱乐版、财经版、体育版和文化版。而且百度百家平台排版十分清晰明了，用户在浏览新闻时非常方便。在每日新闻模块的左边是该模块最新的新闻，右边是该模块新闻的相关作家和文章排行。值得一提的是，除了对品牌和产品进行宣传之外，运营者在引流的同时，还可以通过内容的发布，从百家号上获得一定的收益。

总体来说，百家号的收益主要来自于三大渠道，具体如下。

（1）广告分成。百度投放广告盈利后进行收益分成。

（2）平台补贴。包括文章保底补贴、百＋计划和百万年薪作者的奖励补贴。

（3）内容电商。通过内容中插入商品所产生的订单量和佣金比例来计算收入。

8.3　IP 引流：实现流量暴涨

“IP 引流”包括利用 IP 参加挑战赛、IP 互推合作引流、塑造 IP 形象和 IP 在平台进行直播引流等。打造一个完美的 IP 可以快速达到引流的目的，然后利用 IP 参加各种平台活动、话题挑战等，实现 IP 流量暴涨。

8.3.1 话题：挑战性聚集流量

挑战性聚流是抖音独家开发的商业化产品。抖音平台运用了“模仿”这一运营逻辑，实现了品牌最大化的营销诉求。

从平台发布的数据和在抖音上参加过挑战赛的品牌可以看出，这种引流营销模式的效果是非常可观的。参加挑战赛需要注意的规则呢如图 8-18 所示。

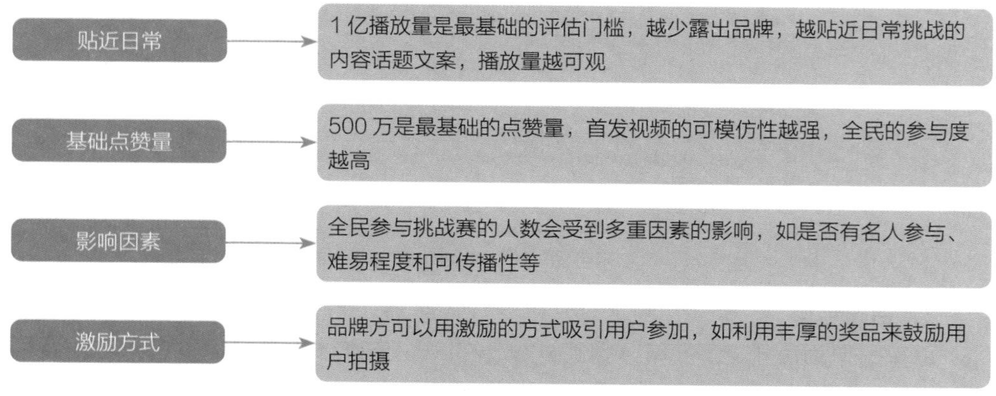

图 8-18 参加挑战赛需要注意的 4 点规则

图 8-19 所示为某些品牌方在抖音发起的挑战赛，可以看到这个挑战赛的播放量均达上亿次，同样也吸引了用户的关注。

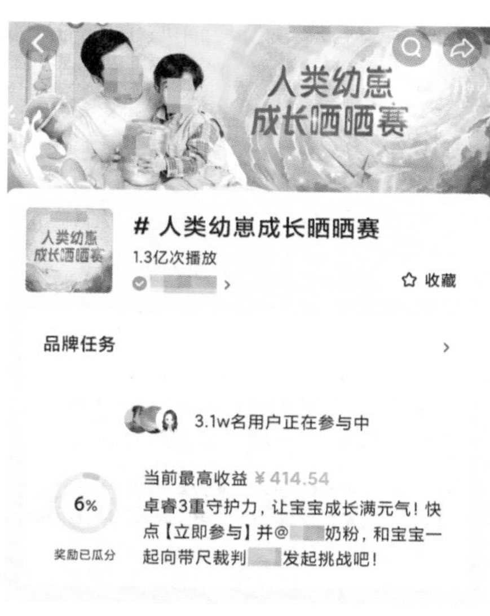

图 8-19 某品牌方在抖音发起的挑战赛

参加抖音挑战赛，抖音的信息流会为品牌活动方提供更多的曝光机会，带去更多的流量，帮助品牌活动方吸引并沉淀粉丝。

8.3.2　形象：全新粉丝经济模式

在互联网 + 时代，各种新媒体平台将内容创业带入高潮，再加上移动社交平台的发展，为新媒体运用带来了全新的粉丝经济模式，一个个拥有大量粉丝的人物 IP 由此诞生，成为新时代的商业趋势。

1. 去中心化的粉丝经济

各种互联网新媒体平台和短视频平台的出现，如秒拍、微视和快手等平台聚集了一大批成功的内容创业者，同时也成功地捆绑了大量的粉丝。图 8-20 所示为“短视频”的搜索结果和快手 App 的下载界面。

图 8-20　“短视频”搜索结果和快手 App 下载界面

同时，移动互联网的出现也使信息传统模式发生了翻天覆地的变化。与传统商业模式相比，现在更多的创业者选择利用自媒体进行创业，就拿现在流行的“短视频”来说，更多的创业者会选择在各个短视频平台上进行内容创业，利用优质的短视频内容进行引流，从而达到吸粉变现的目的。

也就是说，信息从之前的单一中心向外按层级关系传递，变成了现在的信息从单一中心向多中心、无层级、同步且更快速的传递模式。

面对去中心化潮流，传统行业正在被互联网颠覆，并由此产生了 O2O（即 Online To Offline，是指将线下的商务机会与互联网结合）、互联网金融以及移动电

商等诸多新模式。同时，这也给普通人带来了更多的创业机会，他们通过网络成为各行各业的红人，也就是现在的“网红”。这些“网红”有一个共同的特点，那就是都拥有强大的粉丝群，这也使得粉丝经济成为了时代的“金矿”。

在移动互联网时代，信息的传播速度急速增长，信息的碎片化特征也越来越明显，这些都对粉丝经济模式的形成有一定的推动作用，同时也对互联网中的创业者和企业产生了深远的影响。

2. 催生新商业模式——“抖商”

在粉丝经济模式下，人们的购物决策和路径都在发生变化。例如，从线上商圈变成了线上平台购物、PC 端购物变成了移动手机端下单购物。这两种购物模式的改变，导致以前需要固定的时间和地点才可以消费，变成了现在随时随地都可以利用碎片时间购买消费的现代化生活方式。

随着电子商务模式的发展，淘宝店铺的开店成本和运营成本的增加，以及市场竞争的逐步激烈，导致互联网创业者们急于找到一个新的突破口。此时，他们在抖音、快手、微视等短视频平台上看到了新的希望，这样就产生了一个新的商业模式——“抖商”。

另外，模式先进的“抖商”加上内容丰富的自媒体，使得“去中心化”成为粉丝经济的焦点，同时让塑造自媒体 IP 形象变得更加容易。

同理，借助社交网络传播成了粉丝经济最常用的营销手段，同时也是“去中心化商业”的具体表现。而创业者或企业在社交网络中的粉丝，很有可能就是潜在的消费者，甚至可能会成为最忠诚的消费者。

3. 通过自媒体打造个人 IP

从另一个方面来看，在移动互联网到来之前，公众认识、喜欢的明星可能永远都是那么几个人，而且通常也只是一线明星才会拥有大量粉丝。然而，现在的明星已经变得更加多元化、“草根”化了，粉丝们或是喜欢的是他们的颜值，或是欣赏他们的多才多艺，或是简单地喜欢他们展示生活的方方面面等。

总之，在去中心化的粉丝经济下，也许运营者只是一个默默无闻的基层创业者，但只要拥有大量的粉丝，就拥有了强大的号召力，就有可能成为自媒体 IP。另外，运营者的号召力本身就存在一定的商业价值和变现能力。

8.3.3 互推：运营者合作相互引流

互推合作引流指的是运营者在平台上寻找其他的运营者一起合作，将对方的账号推给自己的粉丝群体，以达到双方可以引流、增粉的目的，实现双赢。

这里的互推和互粉引流玩法比较类似，但是渠道不同。互粉主要通过社群来完成，而互推则是直接在抖音上与其他运营者合作。在进行账号互推合作时，运营者

还需要注意一些基本原则，这些原则可以作为运营者选择合作对象的依据，如图 8-21 所示。

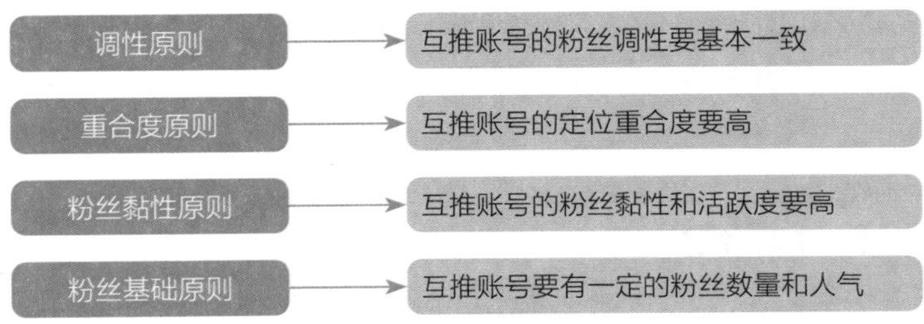

图 8-21 账号互推的基本原则

不管是个人号还是企业号，在选择进行互推的账号时，同时还需要掌握一些账号互推的技巧，其方法如图 8-22 所示。

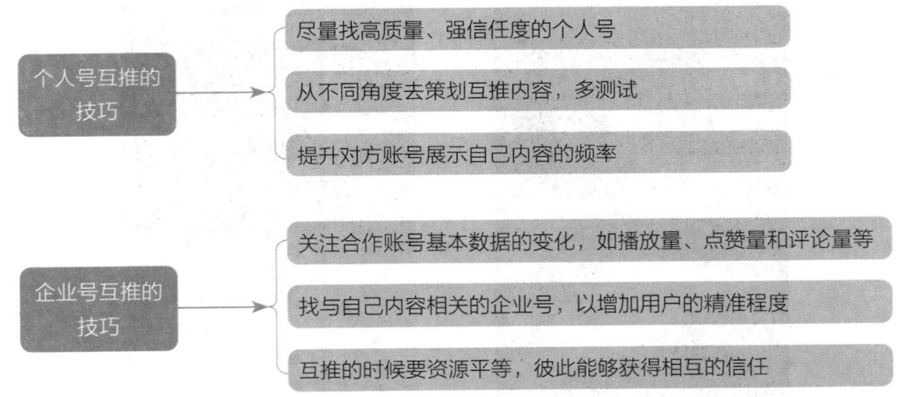

图 8-22 个人号和企业号的互推技巧

抖音在人们生活中出现的频率越来越高，它现在不仅仅是一个短视频社交工具，还是一个重要的商务营销平台。通过互推交换人脉资源，长久下去，就会极大地拓宽运营者的人脉圈；有了人脉，就不怕没生意。

8.3.4 内容：无人出镜内容引流

在互联网商业时代，流量是所有商业项目生存的根本，谁可以用最少的时间获得更高、更有价值的流量，谁就有更大的变现机会。

在引流的过程中，运营者可能会遇到一个问题，那就是做视频或直播采用什么样的出镜方式。一般来说，做视频或直播有两种出镜方式，即真人出镜和无人物出镜。运营者要根据自己的实际情况进行选择。

真人出镜有助于运营者打造 IP，同时也会给视频或直播带来一定的热度。但是真人出镜的要求会比较高，首先运营者需要克服心理压力，做到不躲避镜头，表情

自然；其次运营者最好有较高的颜值或才艺基础，这样才能获得不错的引流效果。因此，真人出镜通常适合一些“大V”打造真人IP，积累一定粉丝数量后，就可以通过接广告、代言来实现IP变现，这样做的门槛高，后期变现的上限也非常高。

对于一般的运营者来说，在通过短视频或直播引流时，也可以采用无人物出镜的方式。这种方式下，账号的粉丝增长速度比较慢，但运营者可以通过账号矩阵的方式来弥补，以量取胜。下面介绍无人物出镜的两种视频类型。

1. 真实场景＋字幕说明

例如，“手机摄影构图大全”抖音号发布的短视频都是关于手机摄影构图方面的内容。如拍摄道路的构图方法、拍摄城市夜景的构图方法、拍摄枫树的构图方法、拍摄野花的构图方法等知识，主要通过真实场景演示和字幕说明相结合的形式，将自己的观点全面地表达出来，如图8-23所示。

图8-23　真实场景演示和字幕说明相结合的案例

这种拍摄方式可以有效避免人物的出现，同时又能够将内容完全展示出来，非常接地气，也就能够得到用户的关注和点赞。

2. 图片演示＋音频直播

通过“图片演示＋音频直播”的内容形式，可以与用户实时互动交流。用户可以在上下班路上、睡前、地铁上和公交上边玩App边听课程分享，既节约了宝贵的时间，又学到了知识。

当然，执行力远大于创意。不管是短视频还是直播，不管是做哪方面的内容，或是采用什么样的内容形式，都需要坚持下去，这样才能获得更多的流量。

8.4　导流：微信流量转化

当运营者通过注册账号、拍摄短视频内容在短视频平台上获得大量粉丝后，就可以把这些粉丝导入微信进行引流，将短视频平台上的流量沉淀到自己的私域流量池，获取源源不断的精准流量，降低流量获取成本，实现粉丝效益的最大化。

运营者都希望自己能够长期获得精准的私域流量，因此必须不断积累，将短视频吸引的粉丝导流到微信平台上，把这些精准的用户圈养在自己的流量池中，并通过不断地导流和转化，让私域流量池中的水“活”起来，才能够更好地实现变现。

需要注意的是，微信导流的前提是把内容做好，只有基于好的内容才能吸引粉丝进来，才能让他们愿意去转发分享。本节以抖音平台为例，介绍从抖音平台导流至微信的 3 种常用方法。

8.4.1　方法 1：设置账号简介

抖音的账号简介通常简单明了，主要原则是“描述账号 + 引导关注”，基本设置技巧如下。

一句话的账号简介，可以前半句描述账号特点或功能，后半句引导关注微信，一定要明确出现关键词“关注”。多行文字的账号简介，一定要在多行文字的视觉中心出现“关注”两个字。

在账号简介中展现微信号是目前最常用的导流方法，而且修改起来也非常方便快捷。需要注意的是，不要在其中直接标注“微信”，可以用拼音简写、同音字或其他相关符号来代替。运营者的原创短视频的播放量越大，曝光率越大，引流的效果就越好，如图 8-24 所示。

运营者可以在短视频内容中表露出微信，可以由主播自己说出来，也可以通过背景展现出来，这个视频火爆后，其中的微信号也会得到大量的曝光。例如，某个护肤内容的短视频，通过图文内容介绍一些护肤技巧，最后展现了主播自己的微信号来实现引流。

需要注意的是，不要直接在视频上添加水印，这样做不仅影响粉丝的观看体验，还不能通过审核，甚至会被系统封号。

图 8-24　在账号简介部分进行引流

8.4.2　方法 2：用抖音号导流

抖音号跟微信号一样，是其他人能够快速找到账号的一串独有的字符，位于个人昵称的下方，运营者可以将抖音号直接修改为自己常用的微信号。

不过这种方法有一个非常明显的弊端，那就是运营者的微信号可能会遇到好友上限的情况，这样就没法通过抖音号进行导流了。因此，建议运营者将抖音号设置为公众号，可以有效避免这个问题。

8.4.3　方法 3：设置背景图片

背景图片的展示面积比较大，容易被人看到，因此在背景图片中设置微信号的导流效果也非常明显，如图 8-25 所示。

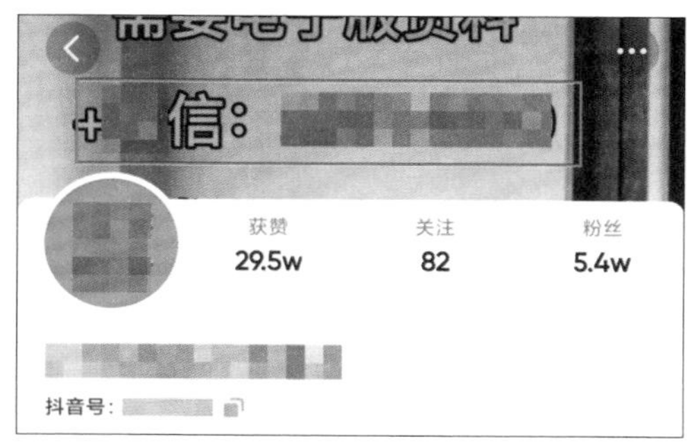

图 8-25　在背景图片中设置微信号

8.5　方法：增强粉丝黏性

对于运营者来说，无论是吸粉还是粉丝的黏性都非常重要，而吸粉和粉丝的黏性又都属于粉丝运营的一部分，因此大多数运营者对于粉丝运营都比较重视。本节就通过解读粉丝运营的相关内容，帮助各位运营者提高粉丝运营能力，更好地增强粉丝黏性。

8.5.1　人设：借助人设持续吸粉

许多用户之所以长期关注某个账号，就是因为该账号打造了一个吸睛的人设。因此，运营者如果通过账号打造了一个让用户记得住的、足够吸睛的人设，那么便可以持续获得用户的关注。

通常来说，运营者可以通过两种方式打造账号人设来吸粉：一种是直接将账号的人设放在账号简介中进行说明；另一种是围绕账号的人设发布相关视频，在强化账号人设的同时，借助该人设吸粉。

专家提醒

短视频平台的官方活动会快速吸引用户的关注，运营者可以通过参加短视频平台官方活动的方式，创作自己的短视频内容，并借助短视频将其中的部分用户变为自己的粉丝。

8.5.2　合拍：借助知名度吸粉

大咖之所以被称为大咖，就是因为他们带有一定的知名度和流量。如果运营者发布与大咖的合拍视频，便能吸引一部分对该大咖感兴趣的短视频用户，并将其中的部分用户转变为自己账号的粉丝。

通常来说，与大咖合拍主要有两种方式：一种是与大咖合作，现场拍摄一条合拍视频；另一种是通过短视频平台中的“拍同款”功能，借助大咖已发布的视频，让大咖与自己的视频同时出现在画面中，手动进行合拍。

这两种合拍方式各有优势。与大咖现场合拍的视频，能够让用户看到大咖的现场表现，内容看上去更具有真实感。而通过“拍同款”功能进行合拍，则操作相对简单，也更具有可操作性，只要大咖发布了可合拍的视频，运营者便可以借助对应的视频进行合拍。

8.5.3 语言：个性化语言吸引关注

许多用户之所以会关注某个短视频账号，是因为这个账号有着鲜明的个性。构成账号个性的因素有很多，个性化的语言便是其中之一。因此，运营者可以通过个性化语言打造鲜明的个性形象，从而吸引粉丝的关注。

短视频主要由两个部分组成，即画面和声音。具有个性的语言可以让视频的声音更具特色，同时也可以让整个视频更具吸引力。一些个性语言甚至可以成为运营者的标志，用户一听到该语言就会想到某位运营者，甚至在看这位运营者的视频和直播时，还会期待其标志性话语的出现。

8.5.4 转发：借助社群吸粉

每个人都有属于自己的关系网，这个关系网包含的范围很大，甚至有很多没有见过面的人，比如虽然同在某个微信群或 QQ 群，但从没见过面的人。如果运营者能够利用自己的关系网，将账号中已发布的视频转发给他人，那么便可以有效地扩大短视频的传播范围，为账号吸粉创造更多可能性。

大部分短视频平台支持分享功能，运营者可以借助该功能将视频转发至微信或 QQ 等平台。转发完成之后，微信群或 QQ 群成员如果被吸引就很有可能登录平台，进而关注你的账号。当然，通过这种方式吸粉，要尽可能地让视频内容与分享的微信群、QQ 群中的主要关注点有所关联。

例如，同样是转发摄影技巧的短视频，将其转发至专注摄影的微信群获得的吸粉效果，肯定会比转发至专注唱歌的微信群获得的效果好。

8.5.5 互关：运营者增强粉丝黏性

如果用户喜欢某个账号发布的内容，可能会关注该账号，以方便日后查看该账号发布的内容。关注只是用户表达喜爱的一种方式，大部分关注账号的短视频用户，也不会要求账号运营者进行互关。

但是，如果用户关注了运营者的短视频账号之后，运营者进行了互关，那么用户就会觉得自己得到了重视。在这种情况下，那些互关的用户就会更愿意持续关注运营者的账号，粉丝的黏性自然也就增强了。

这种增强粉丝黏性的方法在短视频账号运营的早期非常实用，因为账号刚创建时，粉丝数量可能比较少，增长速度也比较慢，但是粉丝流失率却比较高。也正是因为如此，运营者可以尽可能地与所有粉丝互关，让粉丝感受到自己被重视。

8.5.6　互动：提升粉丝的参与积极性

两个短视频账号，内容方向相同，其中一个账号会经常发布一些可以让用户参与进去的内容，而另一个账号则只顾着输出内容，不管用户的想法。这样的两个账号，用户会选择哪个呢？答案应该是显而易见的，毕竟大多数用户有自己的想法，也希望将自己的想法表达出来。

基于这一点，运营者可以在内容打造的过程中，为用户提供一个表达的渠道。通过打造具有话题性的内容，提高用户的互动积极性，让用户在表达欲得到满足的同时，愿意持续关注运营者的短视频账号。

这些发言的短视频用户中，大部分用户又会选择关注发布该视频的短视频账号；而那些已经关注了该账号的用户则会因为该账号发布的内容比较精彩，并且自己能参与进来而进行持续关注。这样一来，该短视频账号的粉丝黏性便得到了增强。

变　现　篇

第 9 章
变现：打造多种盈利模式

许多人做短视频最直接的想法可能就是借助短视频赚到一桶金。确实，短视频平台是一个潜力巨大的市场，但同时也是一个竞争激烈的市场。所以，运营者要想在短视频平台中变现，获取丰厚的收益，就得掌握一定的技巧。

9.1　广告：商业变现模式

广告变现是目前短视频领域最常用的商业变现模式，一般是按照粉丝数量或浏览量来进行结算。本节主要以抖音平台为例，介绍广告变现的各种渠道和方法，让短视频的盈利变得更简单。

9.1.1　流量：广告变现的关键

流量广告是指将短视频流量通过广告手段实现收益的一种商业变现模式。流量广告变现的关键在于流量，而流量的关键就在于引流和增强用户黏性。流量广告变现模式是指在原生短视频内容的基础上，短视频平台会利用算法模型来精准匹配与内容相关的广告模式。

参与平台任务获取流量分成是内容营销领域较为常用的变现模式之一。这里的分成包括很多种，导流到淘宝或京东卖掉的产品的佣金也可以进行分成。平台分成是很多网站或平台都适用的变现模式，也是比较传统的变现模式。

以今日头条为例，它的收益方式就少不了平台分成。但是，在今日头条平台上并不是一开始就能够获得平台分成的，广告收益是其前期的主要盈利手段，平台分成要等到账号慢慢成长壮大才有资格获得。如果想要获得平台分成之外的收益，比如粉丝打赏，需要成功摘取“原创”内容的标签，否则无法获取额外的收益。

流量分成内容变现商业模式适合拥有超大流量和高黏性用户的运营者，同时流量的来源要相对精准。

例如，相对于今日头条而言，暴风短视频平台的分成模式就简单得多，而且要求也没有那么严格，具体规则如图 9-1 所示。

分成规则　　查看详细>>

分成方法：收益=单价*视频个数+播放量分成

上传规则：每日上传视频上限为100个（日后根据运营情况可能做调整，另行通知）

分成价格：单价=0.1元/1个（审核通过并发布成功）；播放量分成:1000个有效播放量=1元（2013年12月26日-2014年1月26日年终活动期间1000个有效播放量=2元）

分成说明：单价收益只计算当月发布成功的视频，所有有效的历史视频产生的新的播放量都会给用户带来新的播放量分成

分成发放最低额度：100元

分成周期：1个自然月，每月5日0点前需申请提现，20日前结算，未提现的用户视为本月不提现，暴风影音不予以打款，收益自动累积到下月。

图 9-1　暴风短视频平台的分成规则

专家提醒

值得注意的是，短视频平台和内容创作者是相辅相成、互相帮助的，只有相互扶持才能盈利更多。这种变现模式需要合理运用，不能一味依赖。当然，适当地经营那些补贴丰厚的渠道也是可以的。

9.1.2 达人：星图接单变现

巨量星图是抖音为达人和品牌提供的一个内容交易平台，品牌可以通过发布任务达到营销推广的目的，达人则可以在平台上参与星图任务或承接品牌方的任务实现成功变现。图 9-2 所示为巨量星图的登录界面，可以看到它支持多个媒体平台。

图 9-2 巨量星图的登录界面

巨量星图为品牌方寻找合作达人提供了更精准的途径，为达人提供了稳定的变现渠道，为抖音、今日头条、西瓜视频等新媒体平台提供了富有新意的广告内容，在品牌方、达人和各个传播平台等方面都发挥了一定的作用。

（1）品牌方：品牌方在巨量星图平台中可以通过一系列榜单更快地找到符合营销目标的达人，此外平台提供的组件功能、数据分析、审核制度和交易保障在帮助品牌方降低营销成本的同时，能够获得更好的营销效果。

（2）达人：达人可以在巨量星图平台上获得更多的优质商单机会，从而赚取更多的收益。此外，达人还可以签约 MCN（multi-channel network，多频道网络）机构，获得专业化的管理和规划。

（3）新媒体平台：对于抖音、今日头条、西瓜视频等各大新媒体平台来说，巨量星图可以提升平台的商业价值，规范和优化广告内容，避免低质量广告影响用户的观感，以及降低用户黏性。

巨量星图面向不同平台的达人提供了不同类型的任务，只要达人的账号达到相应平台的入驻和开通任务的条件，并开通接单权限后，就可以承接该平台的任务，如图 9-3 所示。

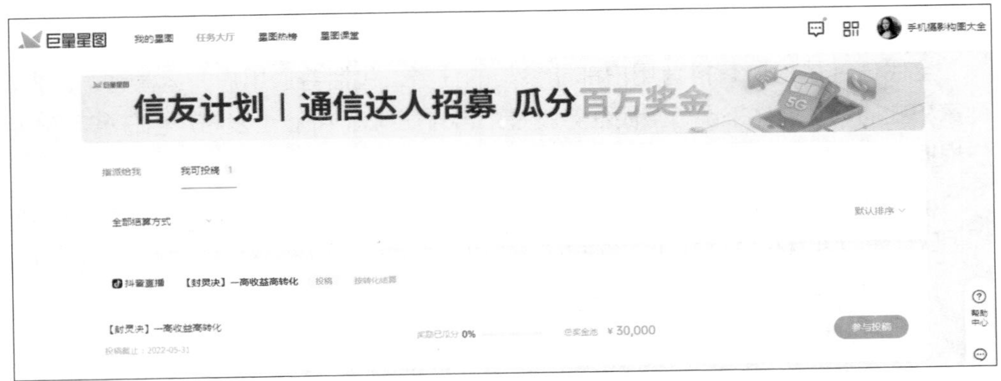

图 9-3　巨量星图平台上的任务

达人在完成任务后，可以进入“我的星图”页面，在这里可以直接看到账号通过做任务获得的收益情况，如图 9-4 所示。需要注意的是，任务总金额和可提现金额数据默认状态下是隐藏的，达人可以点击右侧的 ⌣ 图标，显示具体的金额。

图 9-4　“我的星图”页面

专家提醒

需要注意的是，平台对未签约 MCN 机构的达人会收取 5% 的服务费。例如，达人的报价是 1000 元，任务正常完成后平台会收取 50 元的服务费，达人的可提现金额是 950 元。

9.1.3 用户：全民任务变现

全民任务是指所有抖音用户都能参与的任务，包括普通用户、运营者、达人、商家和主播等。具体来说，全民任务就是广告方在抖音 App 上发布广告任务后，用户根据任务要求拍摄并发布视频，从而有机会得到现金或流量奖励。

用户可以在“全民任务”活动界面中查看自己可以参加的任务，如图 9-5 所示。选择相应任务即可进入“任务详情”界面，查看任务的相关玩法和精选视频，如图 9-6 所示。

图 9-5 “全民任务”活动界面

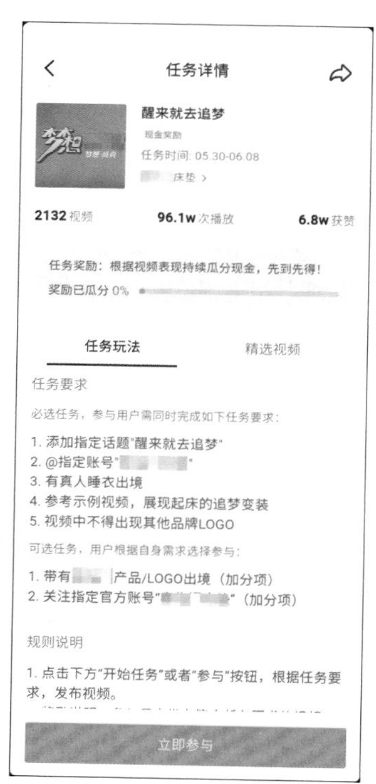

图 9-6 “任务详情”界面

全民任务功能的推出为广告方、抖音平台和用户都带来了不同程度的好处。

（1）广告方：全民任务可以提高品牌的知名度，扩大品牌的影响力；而创新的广告内容和形式不仅不会让达人反感，而且还能获得达人的好感，达到营销宣传和大众口碑双赢的目的。

（2）抖音平台：全民任务不仅可以刺激平台用户的创作激情，提高用户的活跃度和黏性；还可以提升平台的商业价值，丰富平台的内容。

（3）用户：全民任务为用户提供了一种新的变现渠道，没有粉丝数量的门槛，也没有视频数量的要求，更没有拍摄技术的难度，只要发布的视频符合任务要求，就有机会得到任务奖励。

用户参与全民任务最大的目的当然是获得任务奖励，那么，怎样才能获得收益，甚至获得较高的收益呢？

以拍摄任务为例。首先，用户要确保投稿的视频符合任务要求，这样用户才算完成任务，能够有机会获得任务奖励。其次，全民任务的奖励是根据投稿视频的质量、播放量和互动量来分配的，也就是说视频的质量、播放量和互动量越高，获得的奖励才会越多。成功完成任务后，为了获得更多的任务奖励，用户可以多次参与同一个任务，增加获奖机会，提高获得较高收益的概率。

9.2　内容：获取创作收益

内容变现的实质在于通过短视频售卖相关的内容产品或知识服务，来让内容产生商业价值，变成“真金白银”。本节主要以抖音平台为例，介绍短视频的内容变现渠道和相关技巧。

9.2.1　激励：视频扶持计划变现

很多短视频平台针对优质的内容创作者推出了一系列扶持计划，大力帮助他们进行内容变现，把更多福利带给优质创作者。例如，抖音推出的“剧有引力计划”就是一种平台扶持计划，主要是扶持优质的短剧内容。

创作者在抖音 App 的“创作者服务中心”的功能列表中，点击“剧有引力计划”按钮，即可进入“剧有引力计划”的活动界面，如图 9-7 所示。

“剧有引力计划”一共分为 3 条赛道，分别为 DOU +赛道、分账赛道和剧星赛道，其中 DOU +赛道的奖励为流量激励，分账赛道和剧星赛道的奖励为现金奖励，创作者可以根据自身情况选择其中的一条赛道参加。

例如，想参加分账赛道的创作者在“如何参与分账赛道？”板块中点击“立即报名”按钮，即可进入“抖音短剧剧有引力计划——分账赛道短剧报名表”界面，如图 9-8 所示。创作者在此填写报名表中的详细信息，并点击“提交报名”按钮即可。

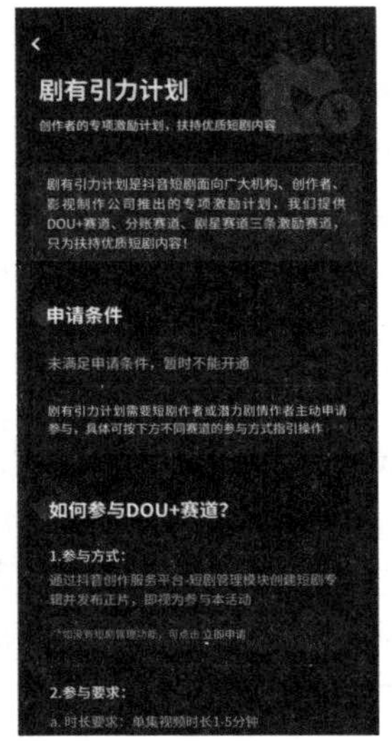

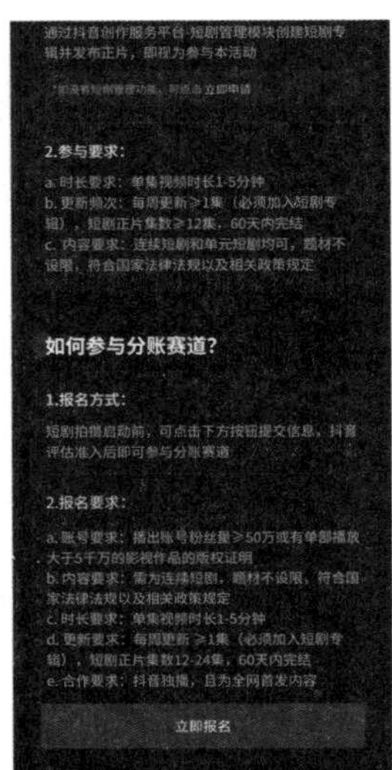

图 9-7 “剧有引力计划”活动界面

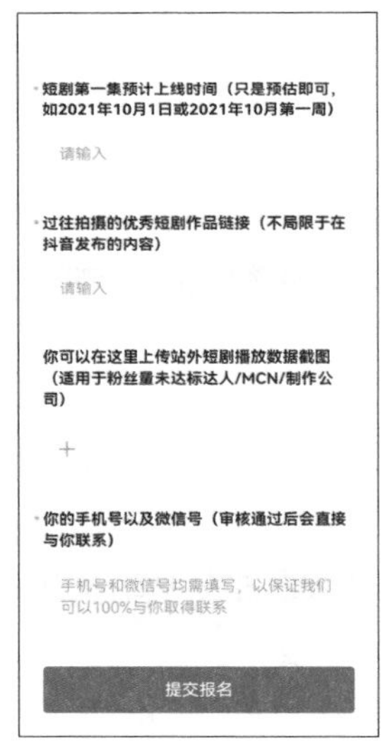

图 9-8 “抖音短剧剧有引力计划——分账赛道短剧报名表”界面

9.2.2 营销：流量分成变现

参与平台任务获取流量分成，这是内容营销领域较为常用的变现模式之一。例如，抖音平台推出的“站外播放激励计划”就是一种流量分成的内容变现形式，不仅为运营者提供站外展示作品的机会，还能帮助他们增加变现渠道，获得更多收入。“站外播放激励计划”具体操作如下。

步骤 01 打开抖音 App，在“我”界面中点击右上角的图标☰，如图 9-9 所示。

步骤 02 弹出相应列表，选择“创作者服务中心”选项，如图 9-10 所示。

图 9-9　点击右上角的图标☰

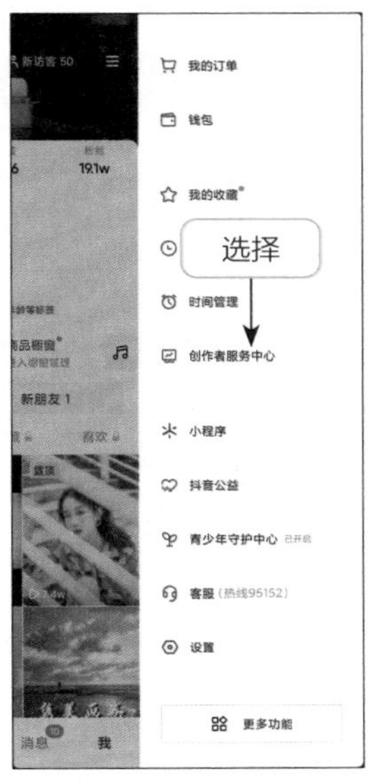

图 9-10　选择“创作者服务中心”选项

步骤 03 进入创作者服务中心界面，在功能列表选项区中点击“全部分类”按钮，如图 9-11 所示。

步骤 04 进入“功能列表”界面，在“内容变现”选项区中点击“站外播放激励”按钮，如图 9-12 所示。

图 9-11　点击“全部分类”按钮

图 9-12　点击“站外播放激励”按钮

步骤 05 进入“站外播放激励计划”界面，向下滑动可以查看“参加方式”“活动收益”的相关内容。❶ 选中左下角的单选按钮；❷ 点击“加入站外播放激励计划”按钮，如图 9-13 所示，即可加入该计划。

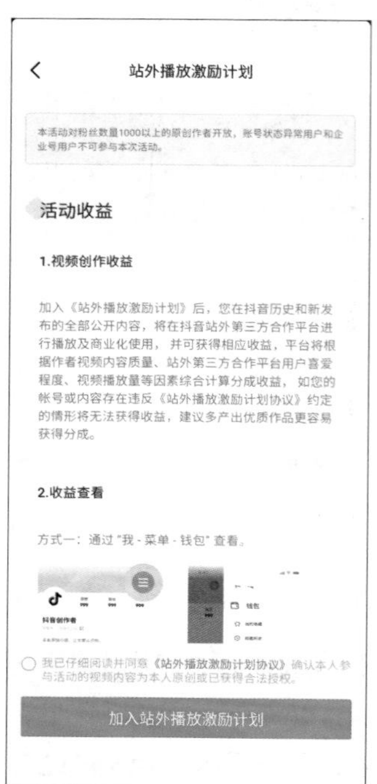

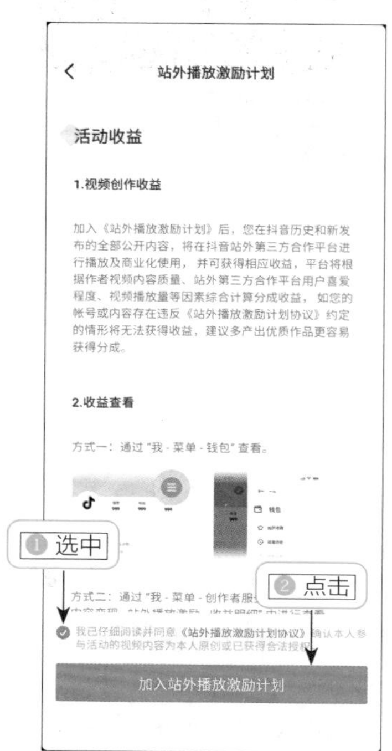

图 9-13 点击“加入站外播放激励计划”按钮

创作者成功加入“站外播放激励计划”后，抖音可将其发布的作品授权给第三方平台进一步商业化使用，并向运营者支付一定的收益，从而帮助运营者进一步增加作品的曝光量和提升创作收益。

9.2.3 赞赏：视频赞赏变现

在抖音平台上，创作者可通过优质内容来获得用户的赞赏，这是一种很常见的内容获利形式，在多个平台上都有它的身影。

赞赏可以说是针对广告收入的一种补充，不仅可以增加创作者的收益，还能够增进与粉丝的关系。例如，抖音平台的创作者开启“视频赞赏”功能后，将有机会获得赞赏收益。“视频赞赏”功能目前处于内测中，平台会通过站内信限量邀请符合开启条件的创作者试用。

当创作者开通“视频赞赏”功能后，用户在浏览他所发布的短视频时，只需长按视频后点击“赞赏视频”按钮，或者在分享面板中点击“赞赏视频”按钮，即可给创作者打赏。

9.3　方法：内容变现的操作

在互联网时代，我们可以非常方便地将自己掌握的知识内容转化为图文、音频、视频等产品 / 服务形式，通过互联网来传播并售卖给用户，从而实现盈利。

9.3.1　课程：通过付费课程获取盈利

付费课程是内容创作者获取盈利的主要方式，它是指在各个短视频平台上推送文章、视频、音频等内容产品或服务，订阅者需要支付一定的费用才能够看文章、看视频或听音频。用户通过订阅 VIP 服务，为好的内容付费，可以让内容创作者从中获得回报，激励他们投入更多的精力和激情进行持续的内容创作。

付费课程内容变现模式适合知识服务公司、线上教育公司、线上授课老师、课程制作公司以及视频录课团队等。运营者最好能取得一定的学历或专业证书，提升自己的权威性，同时还需要掌握一些课程包装、PPT 设计、流程图、后期制作、分析调研等技能。

付费课程这一内容变现模式常用于各种在线教育、自媒体、视频网站和音频平台。例如，学浪平台的入驻包括个人、机构、分销课程和企业合作等形式。

运营者入驻学浪平台要经历 3 个步骤，分别是登录入驻页面、选择入驻类型和等待入驻审核。下面介绍各个步骤的操作方法和注意事项。

1．登录入驻页面

学浪平台有特定的入驻页面，可以单击平台提供的网址跳转至相应页面，进行登录。下面介绍登录入驻页面的操作方法。

步骤 01 搜索并进入学浪平台的首页，单击“免费入驻”按钮，如图 9-14 所示。

图 9-14　单击“免费入驻”按钮

步骤 02 执行操作后，进入“学浪小百科”页面，默认显示“入驻学浪”的相关信息，切换至“个人入驻”选项区；单击入驻网页链接，如图 9-15 所示。

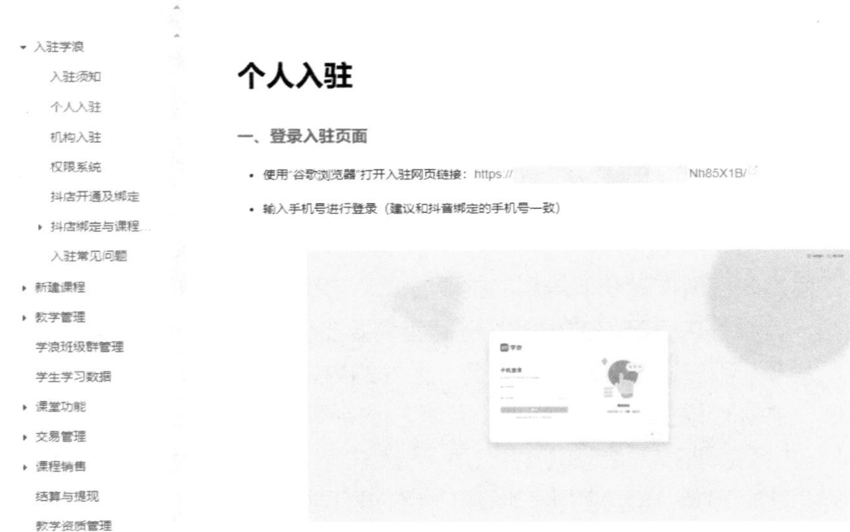

图 9-15 单击入驻网页链接

步骤 03 执行操作后，进入学浪教育平台入驻页面，如图 9-16 所示。用户使用手机号按操作要求完成登录注册。

图 9-16 进入学浪教育平台入驻页面

2. 选择入驻类型

运营者完成登录后，会自动跳转至“选择入驻类型”页面，如图 9-17 所示，运营者根据自身情况选择入驻类型，并填写相应的资质认证信息、签订入驻协议。下面分别介绍个人入驻和机构入驻需要填写的信息以及相关操作。

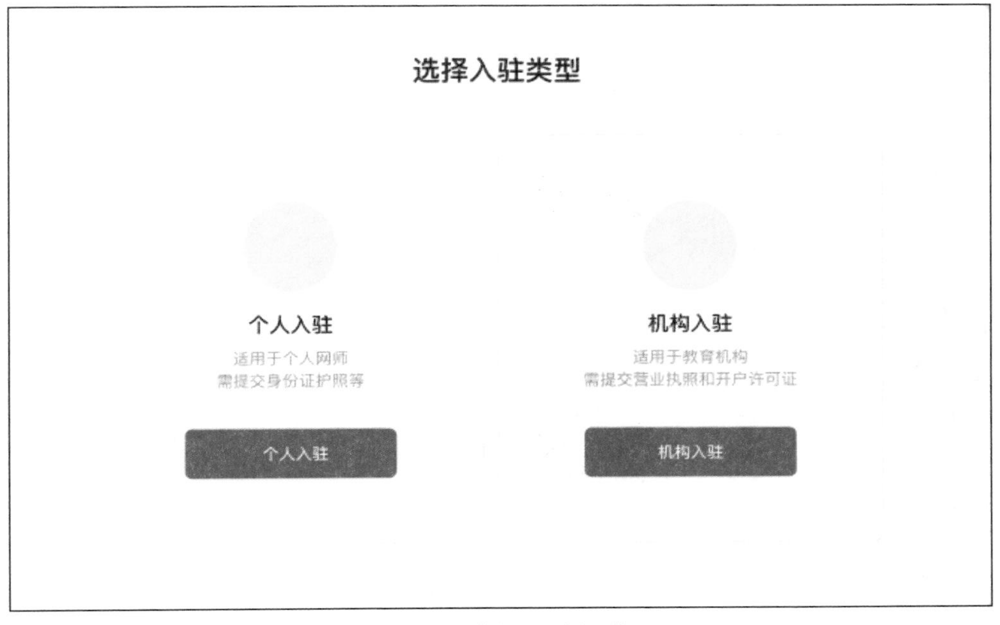

图 9-17　进入“选择入驻类型”页面

（1）个人入驻：运营者如果以个人身份入驻学浪平台，就在“选择入驻类型”页面中单击“个人入驻”按钮，进入“填写教师资质”页面，在这一页面中运营者需要完成实名认证并绑定抖音账号，需填写昵称、个人邮箱、职业、教学领域等信息，并上传个人的真实照片，填写教学领域时还要上传相应的资格证书照片。

图 9-18 所示为部分需要填写的教师资质内容。若项目前面带有一个红色星形符号，这意味着这个项目是必填项目，如果不填写将无法进行后续操作；相反，没有红色星形符号的项目就是选填项目，是否填写都不会影响后续的入驻操作。

运营者填写完成后，单击“下一步”按钮，即可进入签订入驻协议环节。在这一环节中，运营者要先打开抖音 App，扫描页面中的二维码，在跳转出的手机界面中签署承诺函，再在“签订入驻协议”页面中阅读注册协议，阅读完后选中“我已阅读并同意此以上协议”单选按钮，单击“下一步”按钮，即可进入“认证审核”页面。

（2）机构入驻：机构入驻和个人入驻的流程相差不大，都是先填写信息再签订协议，但需要填写的资质信息要更多。如果运营者选择以机构身份入驻，就在“选择入驻类型”页面中单击“机构入驻”按钮，进入“填写机构信息”页面。在这个页面中运营者要填写的信息分为 3 类，分别是机构所有者的账号信息、机构信息和机构资质信息。

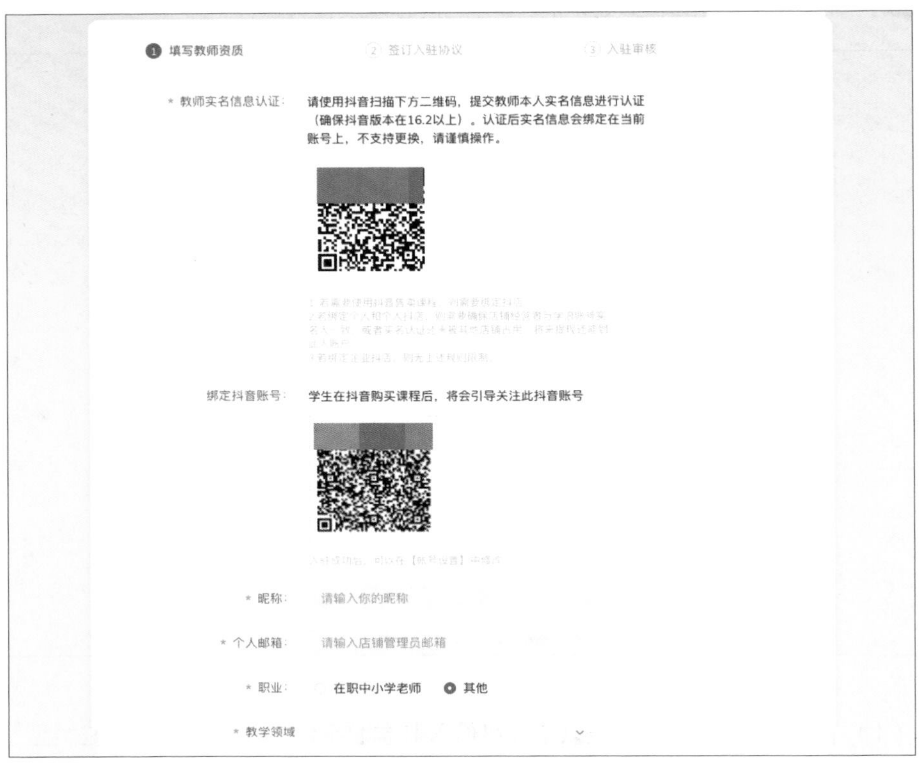

图 9-18　部分需要填写的教师资质内容

其中，账号信息包括机构所有者的手机号码、实名信息和绑定抖音账号信息；机构信息包括机构图标、机构名称、商标注册证、机构介绍和主营类目；机构资质信息包括营业执照、公司名称、营业执照注册号、营业期限、法人代表身份证照片、法人代表姓名和法人代表身份证号。

3．等待入驻审核

运营者进入“入驻审核”页面后，会看到页面显示“审核中”，如图 9-19 所示。一般来说，学浪平台会在 1 个工作日内以短信的形式告知运营者审核结果，因此运营者最好选择在星期一至星期四中的任意一天进行入驻申请，并在提交申请后注意手机收到的短信提醒。

如果运营者收到审核未通过的短信，就要重新登录入驻页面，进入“入驻审核”页面，单击“单击此处可进行信息修改”链接，如图 9-20 所示，根据提示修改未通过的信息后重新提交审核。

图 9-19　页面显示“审核中”

图 9-20　单击“单击此处可进行信息修改”链接

运营者的入驻信息通过审核后，就算成功入驻学浪平台了，但此时的运营者只能创建免费课程，想创建付费课程和发布优惠券还要开通并绑定抖店。如果运营者有一个符合条件的抖店，可以直接进行绑定；如果运营者还没有开通抖店，可以通过学浪进行开通和绑定。

9.3.2　专栏：今日头条付费专栏

付费专栏是指作品有比较成熟的系统性而且内容的连贯性也很强，不仅能够突出创作者的个人 IP，还能够快速打造“内容型网红”。付费专栏的内容形式包括图文、音频、视频以及多种形式混合的专栏内容，专栏作者可以自行设置价格，用户按需付费购买后，可获得收益分成。例如，喜马拉雅 FM、蜻蜓 FM、豆瓣时间、今日头条等平台都开设了付费专栏。

付费专栏内容变现模式适合能够长期输出专业优质内容的创作者，其目的在于吸引潜在的“付费用户”。相较于打赏和点赞的随意性阅读，订阅付费专栏的粉丝通

常是高黏性、强关联的用户，因此需要通过付费专栏来传递价值，满足用户需求。

付费专栏适合做系列或连载的内容，能够帮助用户循序渐进地学习某个专业的知识，同时可以满足各种内容形态和变现需求。

以头条号为例，头条号的付费专栏不是所有人都可以申请的，而是只对部分优质作者开放，其申请条件如下。

（1）已开通图文 / 视频原创权限。

（2）账号无抄袭、发布不雅内容、违反国家政策法规等违规记录。

（3）最近 30 天没有付费专栏审核记录。

（4）经过人工综合评审账号图文 / 视频发文优质。

如果用户满足以上条件，进入头条号 PC 端后台的“成长指南→创作权益”页面的“万粉权益”选项区中，即可看到“付费专栏”功能，如图 9-21 所示。

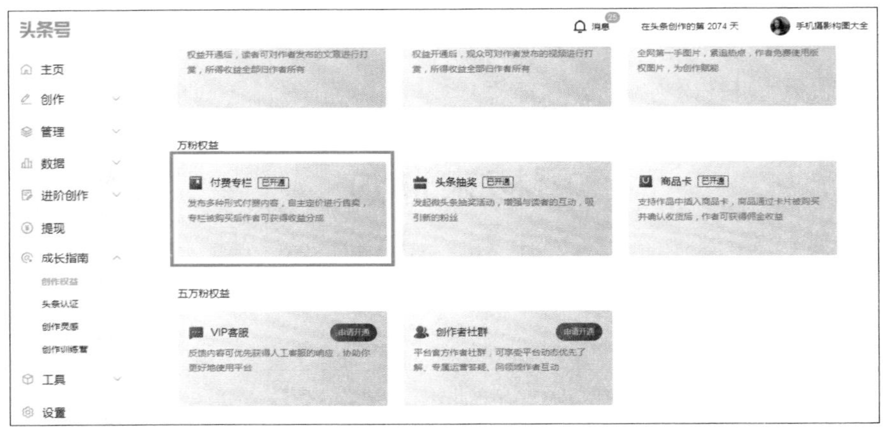

图 9-21　开通头条号“付费专栏”功能

单击“付费专栏”按钮，即可查看申请开通的相关操作，如图 9-22 所示。有专栏开通权限（“申请”按钮显示为红色）的用户可以单击“申请”按钮并提交资质，审核通过后，头条号左侧会出现“付费专栏”功能区。

创建专栏

开通专栏后，可在后台创建图文、视频等专栏内容。创建内容后点击【发表】，章节进入审核流程，工作日2小时以内会审核完毕，若未通过审核，请根据审核结果修改章节信息，并重新提交。

1.填写专栏信息

- 进入头条号后台—点击左侧【进阶创作】-【付费专栏】-【专栏管理】-【创建专栏】-【填写专栏信息】提交专栏并审核。
- 专栏提交后需要审核，审核时间为2小时左右，结果会通过头条号后台通知，若未通过审核，请根据通知中的原因修改专栏信息，并重新提交。

图 9-22　查看申请开通的相关操作

开通的“付费专栏”功能后，专栏作者即可创建、发布和管理图文、视频、音频等专栏内容，如图 9-23 所示。在每月的 2 ~ 4 日，专栏作者可以进入头条号后

台进行提现。付费专栏的主要权益如下。

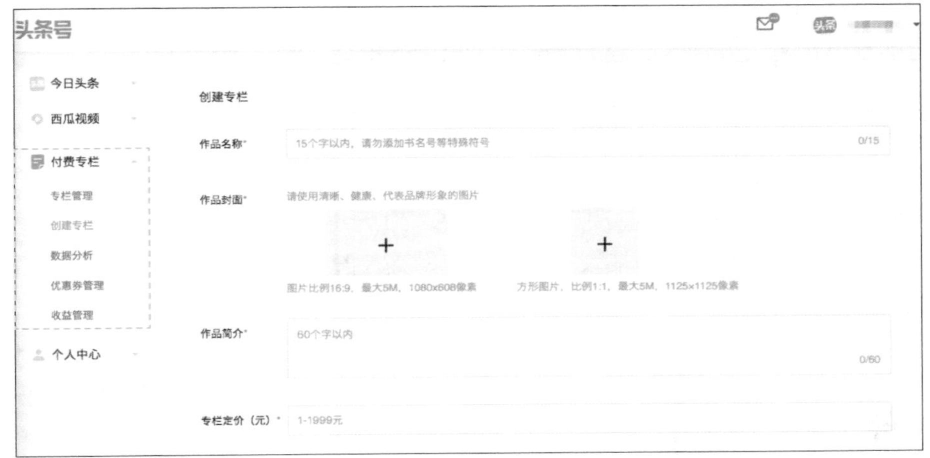

图 9-23 “付费专栏”功能模块

（1）赚取分成：专栏售卖后，专栏作者可以从中获得分成收益。

（2）工具服务：专栏作者可以使用优惠券、分销功能、智能推荐等工具促进专栏售卖，提升专栏作品的曝光量和转化率。

（3）数据分析：专栏作者可以使用头条号的专栏数据分析工具，分析专栏作品的推荐量、阅读量和专栏收益等数据，找到收益的提升空间。

9.3.3 社群：QQ“入群付费”

在付费会员之外，还有一种与之相似的变现模式，那就是付费社群模式。所谓“社群”，就意味着一群人的聚合。而有人，也就代表它有了流量和资源。如果这个社群还进行了一些有价值以及很实用的服务，那么它吸引的用户和流量就是一笔相当可观的潜在资源。

社群的范围比较广泛，大到一些协会（如手机摄影协会、互联网协会等），小到一些微信群，都可以成为社群。当然，并不是说随随便便创建一个微信群就可以实现盈利的，还需要对社群进行规划和运营，包括完善的组织架构、社群定位、社群名号以及社群规则等。

付费社群这种内容变现方式的适用人群比较广泛，如大学生、上班族、“宝妈”、创业者、办公室人员、企业老板、企业营销人员、微商以及想兼职增加收入的人群等。

社群的创建门槛虽然很低，但定位一定要精准。一个社群中的用户必须要有相同的追求，而你提供的内容刚好能满足他们这方面的追求，这样他们才会愿意为你的内容买单。

将社群建立好并拥有一定的粉丝基础后，可以采用一种最直接的盈利模式，那就是下面即将介绍的付费会员模式。例如，很多“大 IP”基于微信群建立了一个完整的社群体系，其他人要想加进来共享其中的资源，则需要按月、按季或按年来缴费。

基于这一点，有些平台就推出了“付费群组”功能，出现了一些需要付费才能加入的社群。例如，腾讯就在 QQ 平台上推出了“入群付费”功能。在此功能中，其入群需付费多少一般由群主决定，一般为 1~20 元不等。当然，通过这种方式入群的群组人员，其权限也相对加大——只要支付完入群费用就可直接入群，无须再通过群主或管理员审核。

对“入群付费”的变现方式，运营者也是需要有一定的基础的。首先需要该群有一定的等级，如开通 QQ 群“入群付费”功能，就对群等级、群信用星级和群主等级进行了规定，如图 9-24 所示。

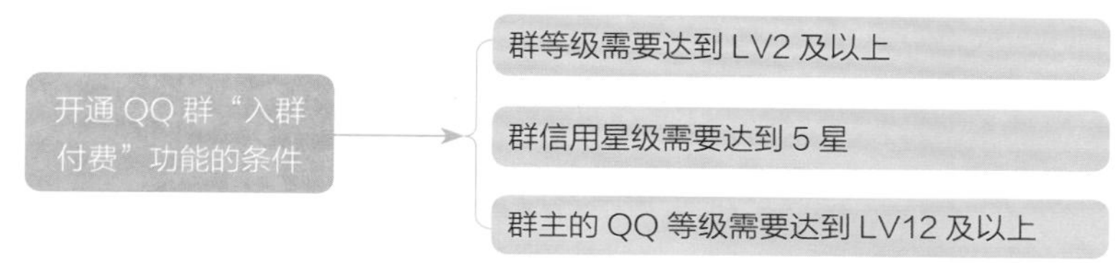

图 9-24 开通 QQ 群“入群付费”功能的条件

需要注意的是，付费社群必须要有一个精准的目标用户群体，并能为他们提供有价值的内容或服务。这样用户才会愿意付费入群。也只有这样才能打造出一个能快速变现的付费群组，最终实现获利。

9.3.4 会员：圈住人脉和钱脉

招收付费会员也是内容变现的方法之一，这种会员机制不仅可以提高用户留存率和用户价值，而且还能得到会费收益，建立稳固的流量桥梁。

付费会员模式适合某个行业领域的资深从业者或培训讲师。付费会员变现最典型的例子就是“罗辑思维”，其推出的付费会员制如下。

（1）设置了 5000 名普通会员，成为这类会员的费用为 200 元 / 名。

（2）设置了 500 名铁杆会员，成为这类会员的费用为 1200 元 / 名。

普通会员 200 元 / 名，而铁杆会员是 1200 元 / 名，这个看似不可思议的会员收费制度，其名额却半天就售罄了。

对于创业者和内容平台来说，付费会员不仅能够帮助他们留下忠诚度较高的粉丝，同时还可以形成纯度更高、效率更高的有效互动圈，最终更好地获利变现。比如拼多多推出的“省钱月卡”，其实就是一种间接的付费会员模式。

“圈子”相当于一个灵活方便的轻量级 UGC（user generated content，用户原创内容）社区，运营者可以通过“圈子”的功能创建免费或付费粉丝社群，不仅可以在此跟粉丝双向交流、互动，还能更加方便地管理社群内容。

以今日头条为例，可以进入头条号后台中的“个人中心→我的权益→账号权限”页面，在此可以单击“申请”按钮直接开通“圈子”功能，如图 9-25 所示。

头条号

今日头条　西瓜视频　付费专栏　个人中心　帐号设置　我的权益　我的粉丝　功能实验室　结算提现

账号状态　帐号权限

功能	状态	申请条件	功能说明
付费专栏	已开通	已开通图文/视频原创优质创作者；无违规记录。	功能介绍
头条广告	已开通	符合条件的头条号可以开通头条广告。	功能介绍
自营广告	已开通	已实名认证的头条号可申请。	功能介绍
图文原创	已开通	优质图文原创头条号可申请开通图文原创标签。	功能介绍
视频原创	申请	优质视频原创头条号可申请开通视频原创标签。	功能介绍
双标题/双封面	已开通	已开通图文/视频原创功能的头条号可申请。	功能介绍
头条认证	已开通	最近30天没有违规处罚记录的头条号可申请。	功能介绍
圈子功能	申请	账号粉丝数达到 10000 后可直接申请	功能介绍
飞聊公共主页	申请	符合条件的头条号可以开通飞聊公共主页	功能介绍

图 9-25　开通“圈子”功能

专家提醒

申请开通“圈子”功能的头条号需要满足以下两个条件。

（1）账号粉丝数大于 10 万。

（2）账号无抄袭、发布不雅内容、违反国家政策法规等记录。

如果运营者想要成功通过“圈子”来实现会员收费，还需要有准确的内容定位、优质的社群质量和活跃的用户互动，能够真正让会员有所收获。这样的“圈子”才能真正实现长久的盈利。提高付费“圈子”收益的方法见图 9-26。

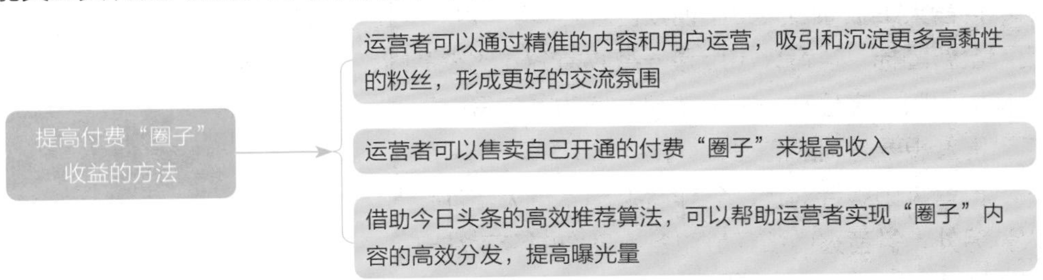

图 9-26　提高付费“圈子”收益的方法

9.3.5 版权：独家播放带来海量流量和收入

各种发明创造、艺术创作，以及在商业中使用的名称和外观设计等，都可以被认为是权利人所拥有的知识产权，都能够通过出售版权来获得收益。

买断版权这种内容变现的商业模式要求比较高，运营者需要有自己的作品，包括影视、音乐、戏剧、曲艺、舞蹈、美术、建筑、摄影、软件、文字作品、口述作品、杂技艺术作品等，同时这些作品还应当具有独创性。

如今，国内一些比较大型的视频网站都采用了买断版权的内容变现战略，将特殊版权与强力 IP 相结合，以增加付费用户的数量。

例如，腾讯视频独播上线的电影《再见美人鱼》，首日的播放量便接近 5000 万，同时该影视作品采用了“免费试看 + 付费观看全集 + 会员下载”的盈利模式，以此来实现内容变现。腾讯视频买断内容版权后，便利用已有的各种终端资源来全力宣发内容，从而实现流量最大化，这是其成功的要点所在。

9.3.6 赞助：吸引广告主的赞助快速变现

一般来说，冠名赞助指的是内容运营者在平台上策划一些有吸引力的节目或活动，并设置相应的节目和活动赞助环节，以此吸引一些广告主的赞助来实现变现。

冠名赞助变现适合影视类“大 IP”，这些人拥有极大的影响力和粉丝群体，而且可以将 IP 与产品进行长期捆绑引流，因此吸引了很多广告主。

冠名赞助的广告变现主要表现形式有 3 种，即片头标板、主持人口播和片尾字幕鸣谢。而内容平台的冠名赞助是指运营者在平台上推送一些能吸引人的软文，并在合适位置为广告主提供冠名权，以此来获利的方式。

通过这种冠名赞助的形式，一方面，能让运营者在获得一定收益的同时提高粉丝对活动或节目的关注度；另一方面，利用活动的知名度为赞助商带去一定的话题，进而对其产品或服务进行推广。因此，这是一种平台和赞助商共赢的变现模式。

9.3.7 分成：抖音火山版获取收益

抖音火山版原名火山小视频。2020 年 1 月，火山小视频更名为抖音火山版，并启用全新图标。抖音火山版是一款收益分成比较清晰、进入门槛较低的短视频平台。抖音火山版的定位从一开始就很准确，其口号就是“会赚钱的小视频”，牢牢地抓住了运营者想要盈利的心理。

抖音火山版针对优质创作者推出了“火苗计划”，扶持与培养大量 UGC 原创达人。另外，抖音火山版还针对各行各业的专家推出了“百万行家”计划，投入 10 亿元的资源，来扶持这些职场达人、行业机构和相关 MCN，覆盖行业包括烹饪、养殖、

汽修和装潢等。

抖音火山版是由今日头条孵化而成的，同时今日头条还为其提供了 10 亿元的资金补贴，以全力打造平台上的内容，聚集流量，炒热 App。因此抖音火山版的主要收益也是来自平台补贴。

抖音火山版是通过火力值来计算收益的，10 火力值相当于 1 元钱，所以盈利是非常明确的。视频内容关键在于要有意义，最好垂直细分，而不是低俗、无聊的视频内容。火力结算的方式包括微信、银行卡和支付宝支付等。除此之外，抖音火山版的钻石充值是为直播中送礼物提供的功能，这也是一种收益来源。

第 10 章

方法：借助视频平台变现

中国互联网络信息中心发布的数据显示，2021 年国内短视频用户规模已经达到 8.88 亿。这个数字对于运营者和企业意味着短视频领域有大量的赚钱机会，因为流量就是金钱，流量在哪里，哪里的变现机会也就更大。

10.1　卖货：通过销售获得收益

运营者运营短视频账号，除了想要分享自己的生活和观点，还希望能够获得一定的收益。而短视频账号最直观、有效的变现方式无疑便是销售商品或提供服务变现。借助短视频平台销售商品或提供服务，只要有销量，就能获得收入。本节将从微商、出版和线下 3 个方面进行介绍。

10.1.1　微商：与用户建立信任关系

微商卖货的重要一步就在于与用户建立信任并将其引导至微信等社交软件。这一点很容易做到，运营者可以在账号简介中展示微信等联系方式，吸引用户添加，如图 10-1 所示。

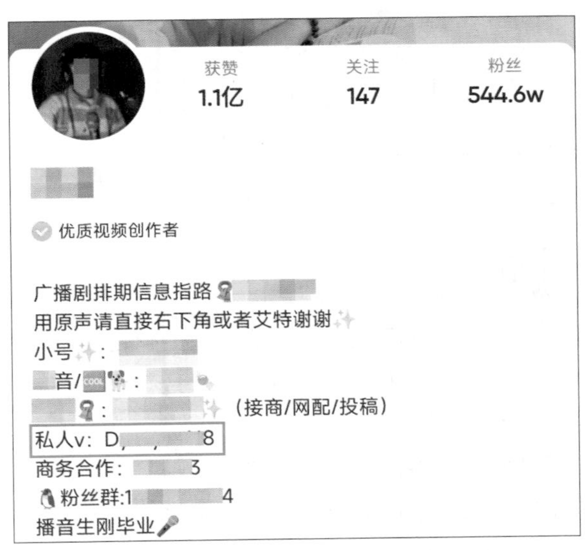

图 10-1　在账号简介中展示联系方式

将用户引导至社交软件之后，便可以通过将微店产品链接分享至朋友圈等形式，对产品进行宣传。

10.1.2　出版：销量越高收益越多

出版主要是指运营者在某一领域或行业经过一段时间的经营，拥有了一定的影响力或经验之后，将自己的经验进行总结后进行图书出版，以此获得收益的盈利模式。

采用出版图书这种变现方式来获得盈利，只要运营者编写的图书质量过硬，并且粉丝也具有一定的购买力，那么收益还是很可观的。

图书出版之后，运营者还可以通过一些方法提高图书的销量。例如，运营者可以在账号简介中列出自己编写的图书，如图 10-2 所示。除此之外，还可以在发布的短视频中介绍并添加图书的购买链接。

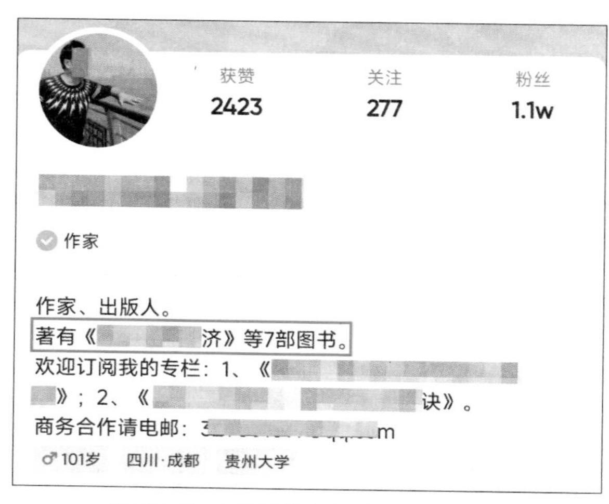

图 10-2　在账号简介中列出编写的图书

另外，当你的图书作品火爆后，还可以通过售卖版权来变现。例如，小说等类别的图书版权可以用来拍电影、拍电视剧或网络剧等，这种收入相当可观。

10.1.3　线下：将用户引导至店铺

如果运营者拥有自己的线下店铺，或跟线下企业有合作，那么建议在发布视频时进行定位。这样，只要用户点击定位链接，便可查看店铺的具体信息和其他用户上传的与该地址相关的所有视频。

另外，运营者在抖音中上传视频之后，附近的用户还可在同城板块中看到你的视频。再加上视频定位的指引，也可以有效地将附近的用户引导至线下实体店。具体来说，用户可以在同城板块中通过如下操作了解线下实体店的相关信息。

步骤 01 登录抖音 App，点击“推荐”界面中的“同城”（地址会根据用户所在位置而发生变化，因为笔者编写本书时身处于长沙市岳麓区，所以这里显示的是“观沙岭”）按钮，如图 10-3 所示。

步骤 02 进入视频播放界面，点击图标对应的位置，如图 10-4 所示。

运营者可以通过店铺信息展示界面，与附近用户构建沟通的桥梁，从而有效地为线下门店导流，提升门店的转化效率。

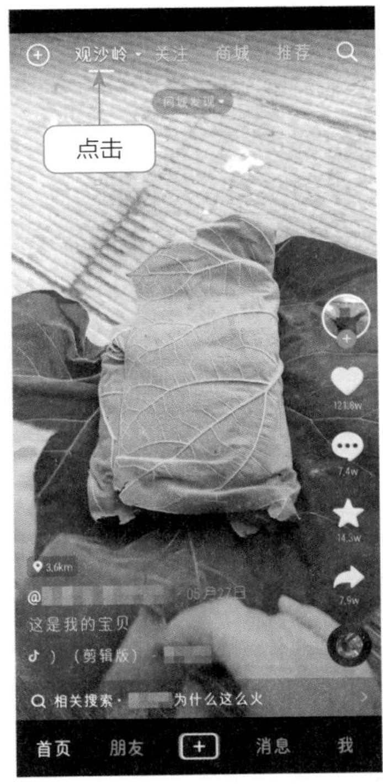

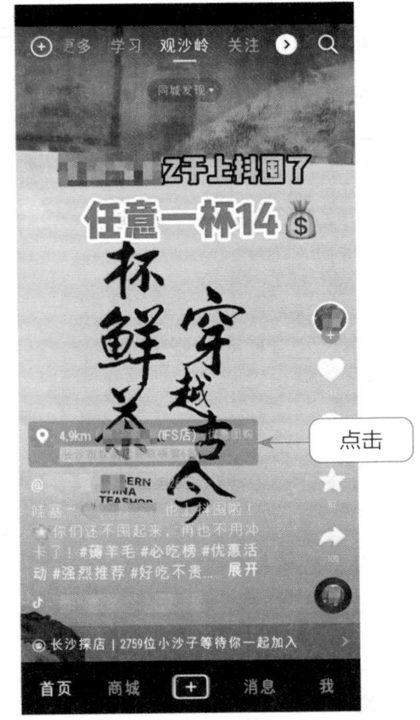

图 10-3　点击“观沙岭”按钮
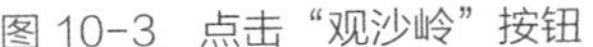
图 10-4　点击图标对应的位置

除此之外，运营者还可以将定位和话题挑战赛组合起来进行营销，通过吸引大量感兴趣的用户参与，让线下店铺或景点得到大量曝光。例如，某景点是一个非常好玩的地方，许多当地的人都会将其作为节假日的重点游玩选项，基于用户的这个“兴趣点”，在短视频平台上发起了话题挑战，许多在该地游玩的用户都发布一些带有景点定位的视频。这种方法不仅能够吸引用户前来景区打卡，而且还能有效提升周边商家的线下转化率。

10.2　抖音：带货快速获取收益

在抖音中要想快速获取收益，还得借助一些实用的功能。本节将从商品分享、抖音购物车、小程序以及团购 4 个方面介绍抖音中的卖货变现功能，帮助运营者更好地快速获取收益。

10.2.1 分享：轻松带货获取收益

“商品分享”功能就是对商品进行分享。运营者开通“商品分享”功能之后，便可以在抖音视频、直播和个人主页界面对商品进行分享。在抖音平台中，电商销售商品最直接的一种方式就是通过分享商品链接，为抖音用户提供一个购买的通道。对于运营者来说，无论分享的是自己店铺的东西，还是他人店铺的东西，只要商品卖出去了，就能赚到钱。

开通“商品分享”功能的抖音账号必须满足 4 个条件。一是通过了实名认证，二是缴纳 500 元的商品分享保证金，三是发布的非隐私且审核通过的视频数量大于或等于 10 条，四是抖音账号有效粉丝数要大于或等于 1000 人。当 4 个条件都达成之后，运营者便可申请开通商品分享功能了。

运营者登录抖音短视频 App，在“我”界面的右上角点击☰按钮，在弹出的列表框中选择“创作者服务中心”选项，进入相应界面，点击“商品橱窗”按钮（见图 10-5），即可进入“商品橱窗”界面。选择“商品分享权限”选项，即可进入“商品分享功能申请”界面，如图 10-6 所示。点击界面下方的“立即申请”按钮，即可申请开通“商品分享”功能。

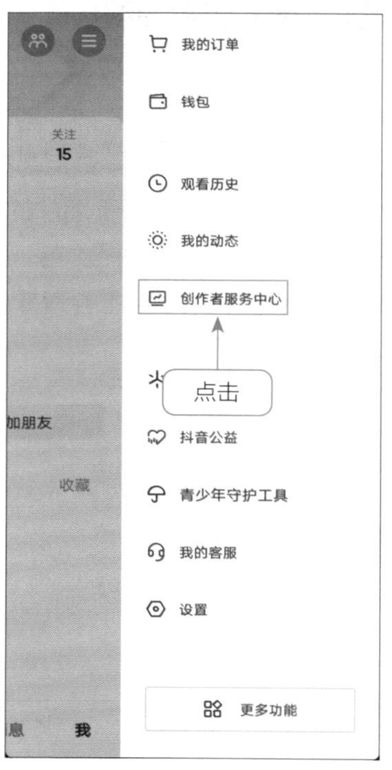

图 10-5　点击“商品橱窗”按钮

运营者开通“商品分享”功能之后，最直接的好处就是可以拥有个人“商品橱

窗”，能够通过分享商品赚钱。“商品橱窗”就是抖音 App 中用于展示商品的一个界面，或者说是一个集中展示商品的功能。“商品分享”功能成功开通之后，抖音账号的个人主页界面中将出现“商品橱窗”的入口，如图 10-7 所示。

抖音正在逐步完善电商功能，这对运营者来说是好事，意味着运营者能够更好地通过卖货来变现。运营者可以在“商品橱窗管理”界面中添加商品，直接进行商品销售。“商品橱窗”除了会显示在信息流中，还会同时出现在个人主页中，方便用户查看该账号发布的所有商品。

图 10-6　选择“商品分享权限”选项

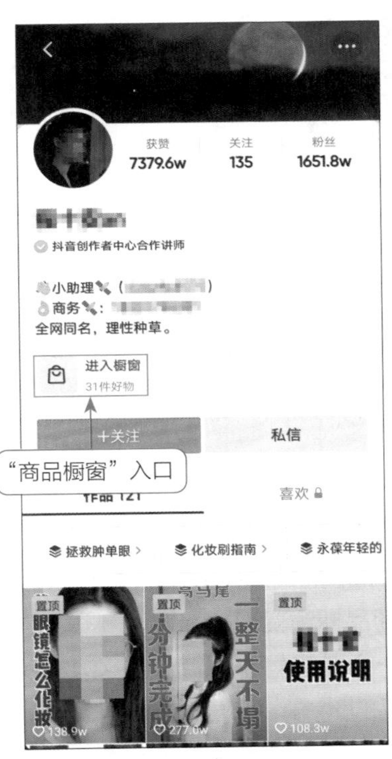

图 10-7　“商品橱窗”入口

在淘宝和抖音合作后，很多百万粉丝级别的抖音号都成了名副其实的“带货王”，捧红了不少产品，而且抖音的评论区也有很多“种草”的评语，让抖音成为“种草神器”。自带优质私域流量池、红人聚集地和商家自我驱动等动力，都在不断地推动着抖音走向“网红”电商这条路。

10.2.2　抖店：抖音内部完成闭环

抖音小店是抖音针对短视频达人内容变现推出的一个内部电商功能，通过抖音小店就无须跳转到外链去完成购买，直接在抖音内部即可实现电商闭环，让运营者更快变现，同时也为用户带来更好的消费体验。

抖音小店针对以下两类用户人群。

（1）小店商家：即店铺经营者，主要进行店铺运营和商品维护，并通过自然流量来获取和积累用户，同时支持在线支付服务。

（2）广告商家：可以通过广告来获取流量，售卖爆款商品。

运营者想要开通抖音小店，首先需要开通“商品分享”功能，并且需要持续发布优质原创视频，同时解锁视频电商和直播电商等功能，才能去申请，满足条件的抖音号运营者会收到系统的邀请信息。图 10-8 所示为抖音小店的入驻流程。

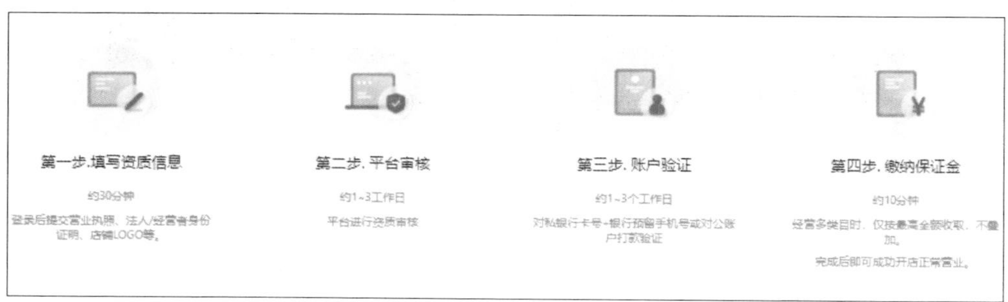

图 10-8　抖音小店入驻流程

10.2.3　购物车：变现的 3 种方式

抖音购物车主要包括 3 个部分，即商品橱窗、直营店铺和佣金变现。抖音运营者打开商品橱窗功能之后，便可以在抖音视频和直播中插入商品链接。

1. 商品橱窗变现

当一个抖音号开通商品橱窗功能之后，运营者便可以把商品橱窗当成一个集中展示商品的地方，把想要销售的商品都添加到商品橱窗中。

抖音用户进入商品橱窗界面，选择需要的商品，便可以进入抖音商品详情界面了解和购买商品，如图 10-9 所示。而抖音用户购买商品之后，抖音运营者便可获得相应的佣金收入。

2. 直营店铺变现

运营者可以自己开设一个抖音小店，或将自己网店中的商品添加至抖音视频或直播中，通过自营店铺来进行变现。例如，将自己店铺中的商品添加至抖音视频时，视频中就会出现一个购物车链接，如图 10-10 所示。用户只需点击该链接，即可在对应界面中购买商品，而运营者便可以借此实现变现了。

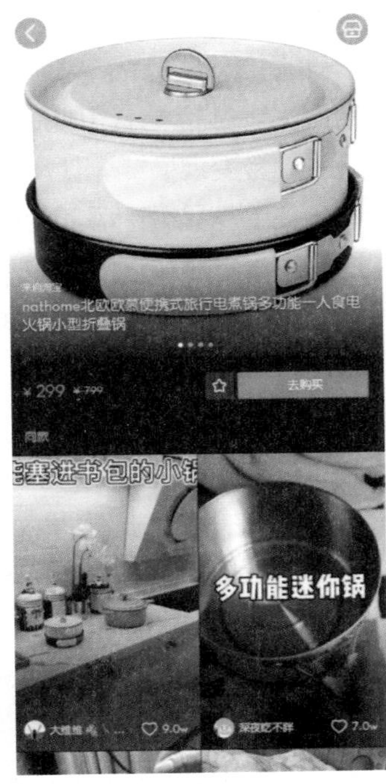

图 10-9　商品橱窗界面

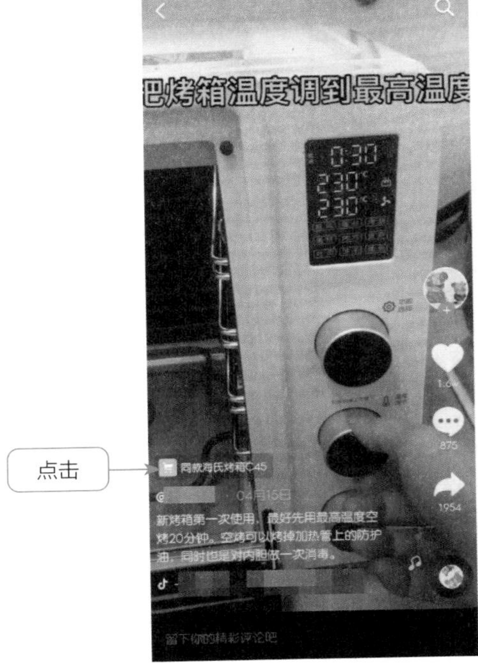

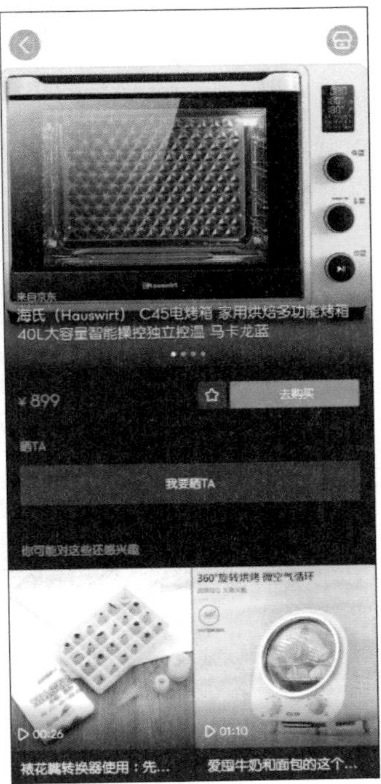

图 10-10　自营店铺变现

3. 佣金变现

由于开设自己的店铺不仅需要一定的成本，还需要花费大量的时间和精力进行管理，所以大多数运营者可能并不具有通过自营店铺变现的条件。为此，抖音平台特意打造了佣金变现模式，让没有自营店铺的短视频运营者也能轻松变现。

例如，在给商品橱窗添加商品时，运营者可以看到每个商品中都有“赚 XX”的字样，这是每一次通过你添加的商品购物车链接卖出去东西而能够获得的佣金收入。

另外，运营者还可以点击“添加商品”界面中的“佣金率”按钮，根据商品的佣金率选择商品进行添加。

10.2.4 团购：团购带货变现

团购带货就是商家发布团购任务，运营者通过发布带位置或团购信息的相关短视频，如图 10-11 所示，吸引用户点击并购买商品，用户完成到店使用后，运营者即可获得佣金。

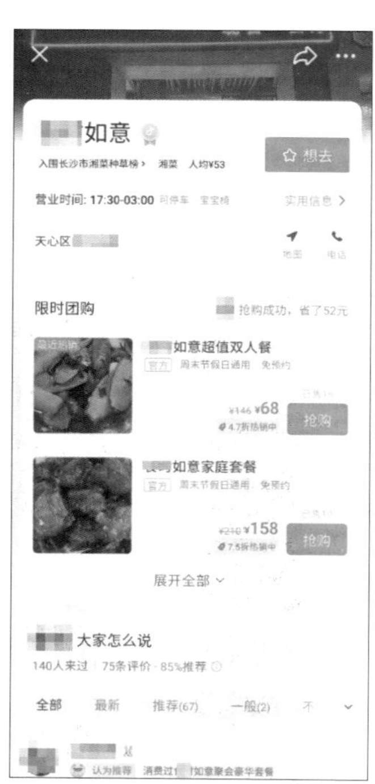

图 10-11　带有团购信息的短视频

需要注意的是，团购带货售卖的商品是以商品券的形式发放给用户的，不会产生物流运输和派送记录，用户需要自行前往指定门店，出示商品券，在线下完成消费。

如果想申请团购带货功能，运营者的粉丝量必须要大于等于 1000，这里要求的粉丝量指的是抖音账号的纯粉丝量，不包括绑定的第三方账号粉丝量。满足要求的

运营者可以进入抖音的创作者服务中心，点击“团购带货”按钮即可申请开通该功能。

团购带货功能之所以如此火爆，是因为运营者只需要发视频就能获得收益，而商家只需要发布任务就能获得客人，用户也能以优惠的价格购买到商品或享受服务，可谓是一举多得。

10.2.5　小程序：延伸变现的工具

抖音小程序是抖音平台的一个重要功能，同时也是一个抖音短视频延伸变现的工具。运营者只需开发一个抖音小程序，便相当于在抖音上增加了一个变现的渠道。运营者可以在抖音中放置抖音小程序的链接，而用户点击链接便可进入小程序，小程序中购买商品实现变现。

在抖音中，主要为抖音小程序提供了 5 个入口，这也为抖音小程序变现提供了更多的变现机会。

1. 视频播放界面

运营者如果已经拥有了自己的抖音小程序，便可以在视频播放界面中插入抖音小程序链接，用户只需点击该链接，便可以直接进入对应的链接位置。抖音小程序的特定图标为。用户只要点击带有该图标的链接，即可进入抖音小程序，如图 10-12 所示。

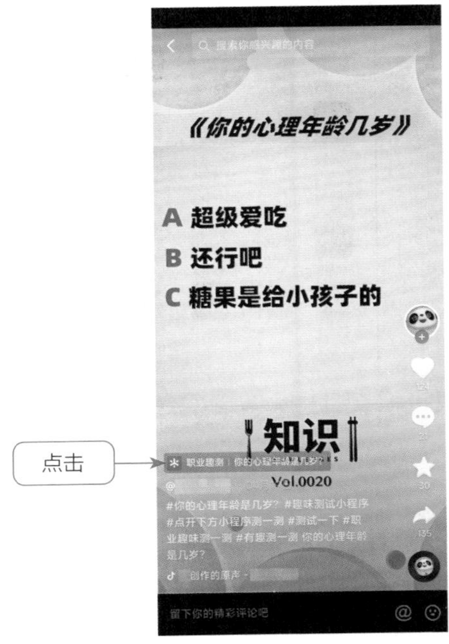

图 10-12　从视频播放界面进入小程序

2. 视频评论界面

除了在视频播放界面中直接插入抖音小程序链接之外，运营者也可在视频评论界面中提供抖音小程序的入口。

3. 个人主页界面

个人主页界面中，同样也可插入抖音小程序链接。

4. 最近使用的小程序

用户近期使用过的某些抖音小程序，会在最近使用的小程序中出现。用户打开抖音 App 在“我”界面中点击☰按钮，在弹出的菜单栏中选择“小程序”选项，便可进入“小程序”界面，如图 10-13 所示。

用户只需点击小程序所在的位置，便可直接进入其对应的抖音小程序界面。

5. 综合搜索界面

用户还可直接进入抖音小程序的搜索界面，搜索更多的小程序。

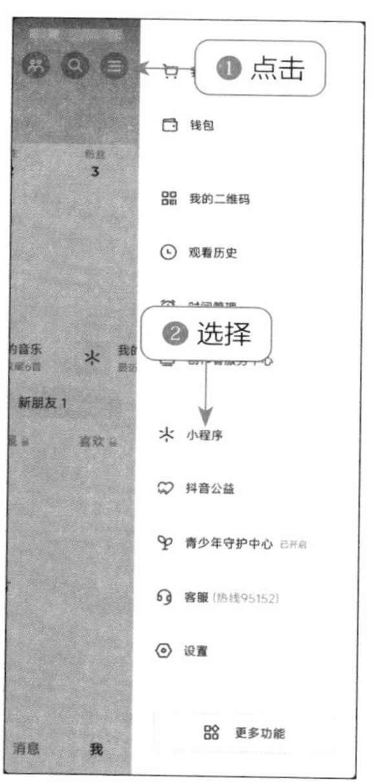

图 10-13　最近使用的小程序中的抖音小程序入口

10.3　借助其他方式变现

除了以上介绍的变现方法之外，运营者还可以采用其他方式进行变现，如进行品牌代言、IP 增值和视频创作等。

10.3.1　认证：帮助企业引流带货

成功认证蓝 V 企业号后，将享有权威认证标识、头图品牌展示、昵称搜索置顶、昵称锁定保护、商家 POI 认领、私信自定义回复、DOU +内容营销工具和“转化”模块等多项专属权益，能够帮助企业更好地传递业务信息，与用户建立互动。

步骤 01 打开抖音 App，在“我”界面中点击☰按钮，如图 10-14 所示。

步骤 02 在弹出的列表中选择“创作者服务中心”选项，如图 10-15 所示。

图 10-14　点击☰按钮

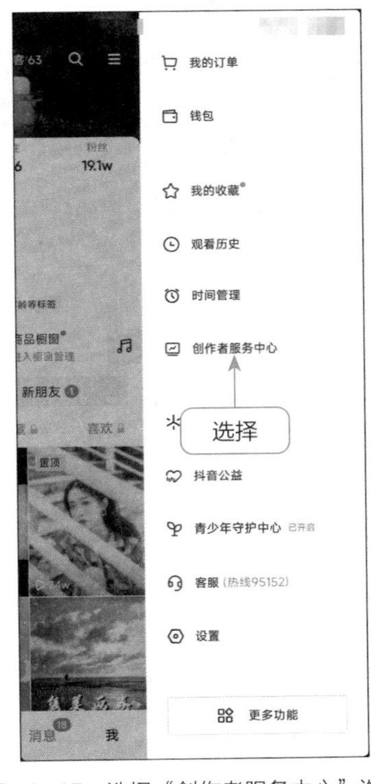

图 10-15　选择“创作者服务中心”选项

步骤 03 进入创作者服务中心界面，点击名称下方的“去认证”按钮，即可进入“抖音官方认证”界面，如图 10-16 所示。

步骤 04 选择“企业认证”选项，即可进入企业认证界面，如图 10-17 所示，运营者只需在企业认证界面中完成相关操作，最后等待审核完成即可。

通过抖音企业号认证，将获得如下权益。

（1）权威认证标识。头像右下方出现蓝 V 标志，彰显官方权威性。

（2）昵称搜索置顶。已认证的昵称在搜索时会位列第一，帮助潜在粉丝第一时间找到你。

（3）昵称锁定保护。已认证的企业号昵称具有唯一性，杜绝盗版冒名企业，维

护企业形象。

图 10-16　点击“去认证”按钮

图 10-17　选择“企业认证”选项

（4）商家 POI 地址认领。企业号可以认领 POI 地址，认领成功后，在相应地址页面中将展示企业号及店铺基本信息，支持企业电话呼出，为企业提供信息曝光及流量转化。

（5）头图品牌展示。企业号可自定义头图，直观展示企业宣传内容，第一时间吸引眼球。蓝 V 主页的头图，可以由企业号运营者自行更换并展示，可以理解为这是企业自己的广告位。

（6）私信自定义回复。企业号可以自定义私信回复，提高与用户的沟通效率。通过不同的关键词设置，企业可以有目的地对用户进行回复引导，并且不用担心回复不及时导致用户流失，提高企业与用户的沟通效率，减轻企业号的运营工作量。

（7）DOU +功能。可以对视频进行流量赋能，企业号可以付费来推广视频，将自己的作品推荐给更精准的人群，提高视频播放量。

（8）“转化”模块。抖音会针对不同的垂直行业，开发“转化”模块，核心目的就是提升转化率。如果企业号是一个本地餐饮企业，可以在发布的内容上，附上自己门店的具体地址，通过导航软件给门店导流。例如，高级蓝 V 认证企业号可以直

接在账号主页添加应用下载按钮，用户点击按钮即可前往下载应用，从而提高应用的下载量。

10.3.2　代言：拍摄广告获得收益

当运营者的账号积累了大量粉丝，账号成为一个知名度比较高的 IP 之后，可能会被许多品牌邀请做广告代言。此时，运营者便可借助赚取广告费的方式，进行 IP 变现。

其实，通过广告代言变现的 IP 还是比较多的，它们共同的特点就是粉丝数量多，知名度高。正是因为粉丝数量多，所以账号的运营者或出镜者会成功承接许多广告代言，其中不乏一些知名品牌的代言。而借助这些广告代言，运营者和出镜者及其团队自然就可以获得可观的收益了。

10.3.3　IP 增值：自我充电提高价值

当短视频账号具有了一定的知名度之后，运营者便可以把账号做成个人 IP，并通过“自我充电”，向娱乐圈发展，如拍电影、电视剧，上综艺节目或是当歌手等，实现 IP 的增值，从而更好地进行变现。

例如，某位颜值和美妙歌喉兼具的主播，发布了大量歌唱类视频，同时也进行了多次以音乐为主题的直播。目前，该主播成为千万级粉丝的大 IP，粉丝数量超过了 3000 万。

正是因为该主播拥有巨大的流量，所以其不仅被许多音乐人看中，推出了众多量身定制的单曲，而且还获得了许多电视节目的邀请。该主播进入娱乐圈之后，IP 出现了快速升值，不仅出场费达到了一线艺人的水平，其演唱会的票价甚至超过了许多知名的歌手。

10.3.4　创作：发布内容直接获益

在部分短视频平台中，是可以直接通过发布视频来获得收益的。例如，在西瓜视频平台中，运营者可以通过发布短视频获得视频创作收益、视频赞赏收益和付费专栏收益。

视频创作收益就是发布短视频并声明原创后，获得的平台给出的创作收益。图 10-18 所示为西瓜视频平台的“视频创作收益”说明。

视频赞赏收益就是开通“视频赞赏”功能之后，通过读者（即用户）对短视频的赞赏获得的收益。图 10-19 所示为西瓜视频平台的“视频赞赏”说明。

付费专栏收益就是开通“付费专栏”功能之后，通过读者（即用户）付费购买专栏内容获得的收益。图 10-20 所示为西瓜视频平台的“付费专栏”说明。

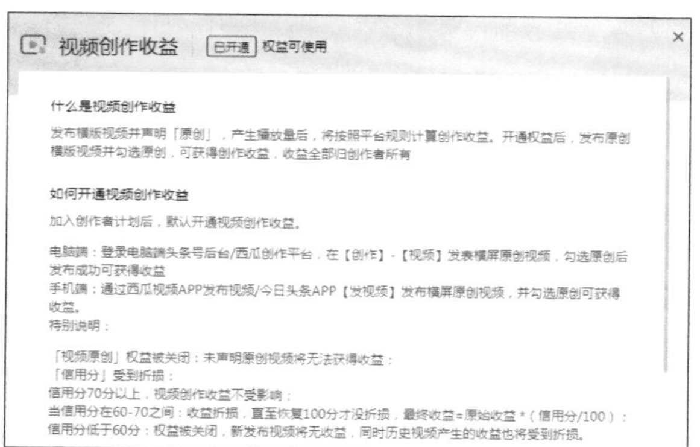

图 10-18　西瓜视频平台的“视频创作收益”说明

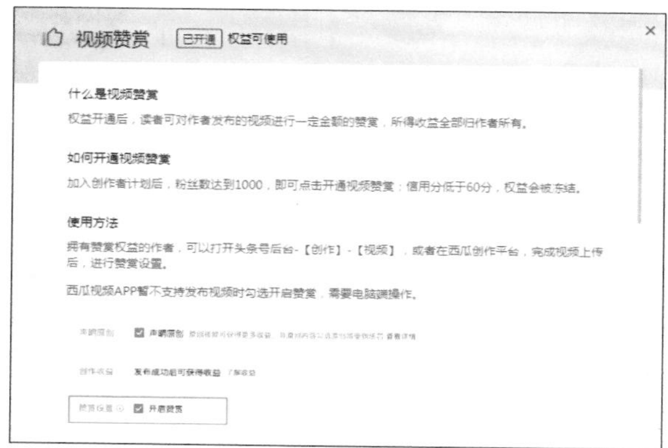

图 10-19　西瓜视频平台的“视频赞赏”说明

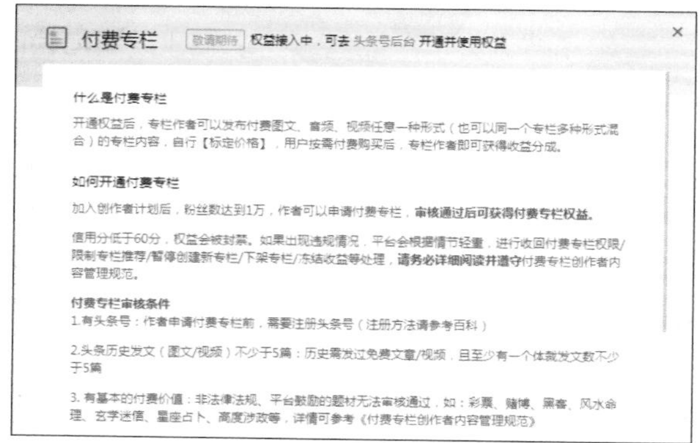

图 10-20　西瓜视频平台的“付费专栏”说明

10.3.5　直播：直播带货变现

通过直播可以获得一定的流量，如果运营者能够借用这些流量进行产品销售，让用户边看边买，就可以直接将自己的粉丝变成店铺的潜在消费者了。相比于传统

的图文营销，这种直播导购的方式可以让用户更直观地把握产品，所以它取得的营销效果往往要更好一些。

图 10-21 所示为某女装创作者直播卖货的相关界面。用户在观看直播时只需点击浮窗内的商品，即可在弹出的菜单栏中看到直播销售的产品了。

图 10-21　某运营者直播带货的相关界面

如果用户想要购买某件产品，只需点击该产品页面中的“购物”和“抢”按钮，便可进入该产品的抖音信息详情界面，选择对应的商品选项，支付对应金额，即可完成下单。

不过，在通过直播卖货进行变现时，需要特别注意以下两点。

第一，运营者一定要懂得带动气氛，吸引用户驻足。这不仅可以刺激用户购买产品，还能通过庞大的在线观看数量，让更多用户主动进入直播间。

第二，运营者要为用户提供便利的购买渠道。因为有时候用户购买产品只是一瞬间的想法，如果购买方式太麻烦，用户可能会放弃购买。而且在直播中提供购买渠道，也有利于主播为用户及时答疑，增加产品的成交率。

10.3.6　转让：直接出售账号

在生活中，无论是线上还是线下，都是有转让费的。同样地，账号转让也是需要接收者向转让者支付一定的费用。因此，账号转让也成为获利变现的方式之一。对于需要转让账号的运营者来说，通过账号转让进行变现虽然可能有些无奈，但也

不失为一种有效的变现方式。

如今，互联网上关于账号转让的信息非常多。在这些信息中，有意向的账号转让者一定要慎重对待，不能轻信，且一定要到比较正规的网站上操作，否则很容易受骗上当。

例如，鱼爪新媒平台便提供了多个平台账号的转让服务。图 10-22 所示为“B 站”账号交易界面。如果运营者想出售自己的 B 站账号，可以单击界面中的“我要出售”按钮。

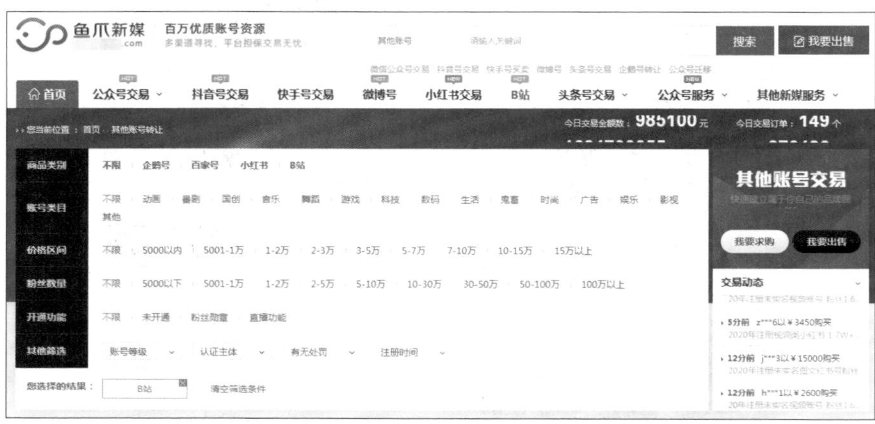

图 10-22　点击“我要出售”按钮

操作完成后，进入“我要出售”界面，在界面中填写相关信息后单击“确认发布”按钮，即可发布账号转让信息，如图 10-23 所示。转让信息发布之后，只要账号售出，运营者便可以完成账号转让变现。

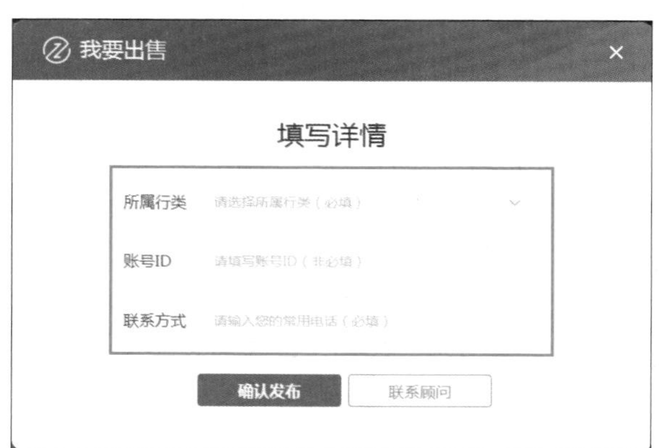

图 10-23　单击“确认发布”按钮

当然，在采取这种变现方式之前，运营者一定要考虑清楚。因为账号转让相当于是将账号直接卖掉，一旦交易达成，运营者将失去账号的所有权。如果不是专门做账号转让的运营者，或不是急切需要进行变现，不建议采用这种变现方式。